短视频创作宝典

账号定位、内容策划、拍摄剪辑、运营维护全流程详解

郝大鹏　著

人 民 邮 电 出 版 社
北 京

图书在版编目（CIP）数据

短视频创作宝典：账号定位、内容策划、拍摄剪辑、运营维护全流程详解 / 郝大鹏著. -- 北京：人民邮电出版社，2023.11
ISBN 978-7-115-62196-2

Ⅰ．①短… Ⅱ．①郝… Ⅲ．①视频制作②网络营销 Ⅳ．①TN948.4②F713.365.2

中国国家版本馆CIP数据核字(2023)第123681号

内 容 提 要

本书以短视频呈井喷式发展的现状为背景，对短视频的策划、制作、运营等进行了全流程解析。本书主要内容包括短视频的特点与变现逻辑、短视频账号的打造、短视频内容策划、短视频拍摄设备、短视频拍摄技法、短视频剪辑制作、短视频变现方式和运营引流等，另外，本书还分享了在短视频策划、创作、运营过程中常见的问题和难点（经验篇），旨在帮助读者系统掌握短视频运营变现的实用技巧。本书知识架构体系完善、内容全面，相信读者可以从这本书中获得打造优质短视频账号的奥秘，提升行业竞争力。

对短视频创作感兴趣的摄影爱好者，相关视频后期制作人员，想要提升短视频质量吸引更多粉丝的“up 主”博主，想通过短视频进行营销的商家，都可以通过阅读本书获得所需的知识技巧。

◆ 著　　　　郝大鹏
　责任编辑　胡　岩
　责任印制　陈　犇
◆ 人民邮电出版社出版发行　　北京市丰台区成寿寺路 11 号
　邮编　100164　　电子邮件　315@ptpress.com.cn
　网址　https://www.ptpress.com.cn
　临西县阅读时光印刷有限公司印刷
◆ 开本：880×1230　1/32
　印张：9.375　　　　2023 年 11 月第 1 版
　字数：270 千字　　　2023 年 11 月河北第 1 次印刷

定价：99.00 元

读者服务热线：(010)81055296　印装质量热线：(010)81055316
反盗版热线：(010)81055315
广告经营许可证：京东市监广登字 20170147 号

前言

见路不走

短视频的到来是对这个高速发展的信息化时代最好的解读。庞大的科技、文化、经济等信息汇聚成音、视频信号，充斥在移动智能终端的各种应用程序之中。城乡之间，清晨日暮，无论男女长幼，短视频已经无时无刻、无处不在、无差别地影响着每个人。短视频将世界放得更大，让我们感知自己更加渺小；短视频使单位时间内的信息量爆炸，让我们时刻沉浸在知识与乐趣里。

无时无刻、无孔不入、无话不谈——这就是我对短视频从形式到内容的理解。从时间到空间，从内心到宇宙，“无”是一个极大、极高的概念。现在来看，短视频好像也是这样存在着的——无限、海量、随时、沉浸式，而又碎片化、凌乱、仓促。这些年总有人谈“风口”这个词，听起来也有仓促之感，短视频也是个风口，所以要赶快抓住。

在短视频创作实践中，我们往往会遇到这样的情况：一看就会，感觉这也没什么难的，自己也会做，但一做就错，感觉还是差点什么。那究竟差什么呢？无非就是思考和逻辑。

见路不走，既见因果，因果即是收获。我们往往见路就走，恨不得马上就能找到一条捷径，于是出现了很多诸如“只需几步就可以做好的短视频策划”“只需要发几条短视频，月收入就可以轻松过万”的运营噱头。其实哪里有什么捷径，大多数人都是在不断的实践中积累经验，找到合适的工作方法，从而让自己少走弯路。

“见路”和“不走”是两件事。“见路”是看到了路，了解到了所谓的经验。“不走”就是需要停下来，分析自己的境遇之后再走。回归到短视频的策划和运营中，所有的经验之谈都只是经验之谈而已，从工作方法方面而言值得学习，但是这样走下去是否能成功，不一定。每个创作者或每个账号的特长不同，优势不同，变现的资源不同，生搬硬套肯定是不行的。参差百态才让这个世界更加生动有趣，如果都如法炮制即可成功，那么短视频的内容将是无趣的。同类话题、相似内容、相同的表达，怎么可能转化为流量，怎么可能实现变现呢？没有价值就没有变现的前提，千篇一律的内容何谈价值。

短视频这种形式不会长久不变，但是万变不离其宗。简单的传播学原理可以帮助我们判断媒体发展规律，好用的策划工具可以让我们有条不紊地写出目的明确的文案，精简的运营流程可以让我们快速明确管理核心。这些都是见路后再走路的好方法，至于走还是不走？由你来做决定。至于走哪条路？由你来做判断。

毕竟对于沿途的风景而言，你也是一道风景。

目录

第 1 章

逻辑篇

1-1 底层逻辑

很多人喜欢创作短视频，除娱乐和分享的需求之外，短视频也已成为一种新的线上经济形式，通过一系列的策划、制作、发布、运营、推广和转化，最终可以实现商业转化，即短视频变现。

我们大概都听到过很多短视频变现的案例，要么来自身边，要么来自于网络。细想下来，尽管话题很热，可是结合自己的优势做起来，往往又会感觉手足无措。很多靠短视频赚钱的案例，既像是确有其事，又像是捕风捉影。从思路上容易理解，一以贯通，可到实操阶段却会感觉困难重重，千头万绪。所以充分了解短视频变现的逻辑，以及具体的实操方法，就成为创作者极为关心的话题。

短视频作为一种受到大家追捧的新媒体形式，让许多人把大量的时间使用或消耗在短视频平台上。尽管短视频赛道看似已有现成的参考案例，以及制作和运营的方式，可看似容易却又很难上手，有的人甚至会出现说起来头头是道，到具体工作时却又倍感掣肘的情况。

这就需要创作者先了解短视频的形式，再来思考短视频的运营规律。了解了其底层逻辑，就可以在高点判断和推导短视频策划、制作、运营的方向。

什么是短视频

短的视频就是短视频。这是一句看似无效的“废话”，但却充满短视频创作的精髓，那就是“短”。在时长控制、内容阐述、制作周期上都要短，否则就和短视频的精神实质相背离，势必在这个短视频的时代找不到成功的方向。

另一个重要的说法是，短视频其实是无法长时间观看的视频。虽然我们身处5G时代，经常可以听到“无人驾驶”“AI生活”这类高科技的词汇，但是目前真正可以随时随地接收移动信息的依然还是手机。手机有它自身工业设计的特点——屏幕竖长、方便通话等。但是它并不是专为视频设计的载体，只是作为数据的接收端，在这个时代被赋予了观看的意义。

← 图 1-1　影视常用的画幅宽高比，都以横向画幅为主

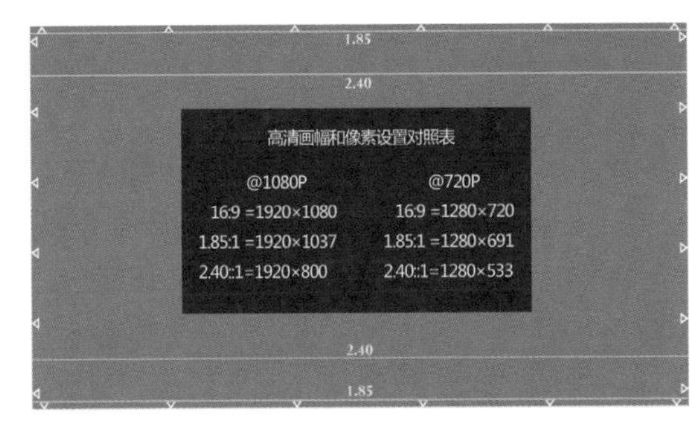

← 图 1-2　高清画幅和像素设置对照表

← 图 1-3　竖屏并不是影视发展的主流方向

类型	竖屏	横屏
主流格式	9:16	16:9
适宜时长	短	长
观看方式	动	静
功能指向	社交性	作品性
用户体验	互动、娱乐、产品	沉浸
传播特征	人际传播	大众传播

← 图 1-4　竖屏视频和横屏视频比较

人类的双眼结构和竖屏观看天然就是矛盾体，影视的发展都是围绕着拓宽视觉边界而进行的。从电影画幅宽高比的变化，到全景视频、VR技术的发展，这一切都围绕更宽广的画面展开。竖屏不适合长时间观看，但在当下却占尽天时、地利、人和，这有科技大环境的原因，也是观众，或者说人类在这个时代对于信息强烈的需求依赖的结果。另外，适合竖屏观看的短视频作为低成本消耗时间的方法，也有其存在的合理性。

短视频的精髓就是短

影视经过百年的发展来到了短视频时代，究其原因，除了人们对于能快速涉猎、快速获得信息的要求日益显著，最主要的是观看方式发生了变化。从坐着看到走着看，网络传输、屏幕显示、观看环境，这几方面的变化交织形成对短视频内容的需求。这既是一个必然要到来的时代，也是一个打破外部观看环境，让视频形态和观看方式再次升级的时代。

太过理论的探讨先放在一边，既然这个时代需要短视频，那么创作者不妨直截了当地开始短视频的创作，毕竟它是做出来的，多说无益。接下来我们会围绕短视频的策划、制作和运营来逐步展开，通过理论找准方向，再通过分析案例学习实操经验。

短视频的特点

短小、碎片化、信息化是短视频的特点，围绕的即是短视频从策划到制作的关键思路——内容、频次、热度。热门的短视频必然是时长短、高频次且绑定热度的。当然也有无需绑定热度的内容创作者，但是这些人本身可能就有热搜的属性，所以他们只需要保证短视频的内容质量并高频次发布即可。

短视频不需要铺垫，只需要内容信息的强输出，如同精准的点穴。长视频则需要结构、节奏和氛围的营造，时间长度的优势也可以让它有机会使用到更多的信息元素，比如音乐、美术、灯光、色彩、道具等。短视频并没有打破影视创作和制作的规律，只是更加务实。

几乎所有短视频的创作技巧都可以从影视理论中找到根脉，但是直接用影视长片庞杂的创作方式来创作短视频，并不一定有效。

平台——流量转化价值

很多人会问抖音平台和快手平台哪个变现价值高？哪个平台更容易上手？大家要知道，并不是平台让大家赚到钱，而是你的流量价值在这些平台上做出了转化，是流量让你赚钱，赚钱的过程就是流量变现的过程。至于是A平台还是B平台，可以将其看作转化机构，相当于中介。我们选择平台时主要要考虑它的友好程度，以及各种操作上的精细程度，这些会放在后面仔细做出介绍。

流量转化价值，用流行的话说，就是要学习关于抖音或者快手的引流与变现方法。其实它们都是引流和变现的平台，创作者只要先明确这个底层逻辑，那么平台就只是一个区域领地罢了，只要是短视频平台，你都可以用这种方法来进行思考。

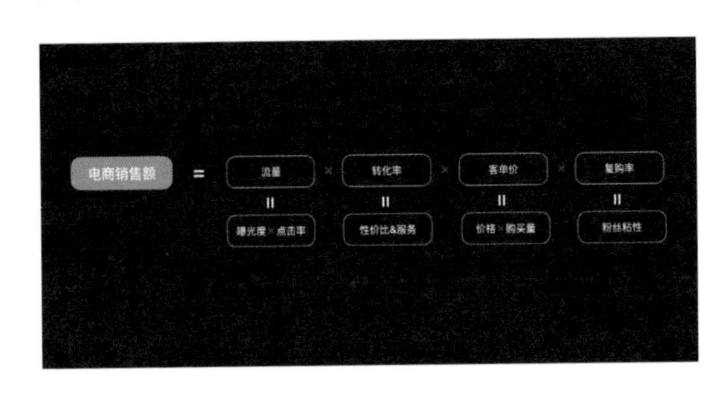

← 图1-5　电商销售公式

不管你是做电商，还是做传统的线下门店生意，都需要通过引流的方式来进行变现，比如很多超市都会不定期地做打折营销活动。打折等营销活动的本质都是引流，只不过传统经济模式下吸引来的是实实在在的人，而线上则吸引来的是ID，但是其背后主体也是人。

很多人认为一定要当网红才能挣钱，其实网红之所以会成为网红，不仅因为他们的粉丝数极大，而且他们还可以以吸引来的粉丝流量进行变现。所以网红可以理解为一个拥有极多粉丝的人，甚至可以是机构或者组织。创作者利用短视频变现的前提就是粉丝数足够多，这也是做好短视频变现的一个核心数据指标。

核心——流量运营

那你可能会问，短视频平台自己打造网红不就可以了吗？为什么还会给个人机会？平台就类似于市场的创造者和管理者，拿实体超市和综合零售市场举例，前者是自己建设自己经营，而后者则是自己建设但租赁给个体经营，只收取相应的管理费。互联网到现在这个阶段已经做出了完美的细分，细分产生更多的垂直品类，丰富的品类让大众的生活更加丰富多彩。

任何人都可以建立一个市场（平台），但是里面的内容才具有核心竞争力，有访客来逛市场才能产生经济价值。自己建立的平台如果没有足够好的内容，那么就没有人来访问，也就不会有有价值的流量。

内容流动产生价值，平台可以自产内容，这无非就是电视台的互联网化。但平台主动投放和观众主动观看依然停留在给予关系中，观众并不参与内容创作和内容分发。对此，爱奇艺、优酷、腾讯、芒果等视频网站，已经在播放端发生过迭代进化。

用户使用手机等移动屏进行观看的习惯已经养成，加上短视频的碎片化属性，已不需要再次在播放端和内容呈现上发生变化。对平台而言，用户自制短时长视频是性价比最高的内容采集形式，所以短视频在这个时代是恰逢其时的。

平台中的个体在积累粉丝，平台也在通过个体来积累平台粉丝，粉丝数这个核心数据，就是衡量平台价值的最直接的手段，所以说一千道一万还是人。个体能吸引来足够多的人，那么你就是网红；平台有足够多的人访问，那么你就是网红平台。无论是抖音、快手，还是淘宝、京东，他们都希望用户数和访问量不断上升。有人才会有商业，有商业才会有价值。我们赶集也是要去人多的大集，这是一样的道理。

所以在这里可以回答大家3个问题。

1. 这么多短视频平台，我们应该选择哪个平台？

哪个平台的用户数和访问量高，我们就去哪个平台。注册用户数和访问量是需求的指标，它可以体现平台的活跃度。

2. 哪些话题内容能够快速吸粉？

在内容符合正确导向的前提下，哪类内容的关注量大，我们就尽量做哪类内容，这是内容基础优势。

3. 做短视频怎么变现？

变现的前提就是粉丝量，这是我们工作的核心。

这看似又是“3句废话”，但它们切在底层逻辑上，是透过现象看到本质的3句话。所以无论是唱歌、跳舞，还是推心置腹地讲人生哲理，再或是做知识类的高端分享，本质都是为了增加粉丝数量，背后的逻辑也都是这“3句废话”，其他全都是表象，切忌雾里看花。

至于“我”怎么样通过短视频成为网红？先不要去考虑这些，先把我们的短视频账号做起来再说。很多人会问，我的产品适合在抖音上做吗？我的行业适合在快手上做吗？

首先大家要知道一点，现在几乎人人都在玩短视频，几乎所有的客户，所有的行业都在上面。有句话说得好：“客户在哪里，我们就在哪里。”没有什么适合不适合，因为所有的人都在上面，那么你说有什么不适合呢？

所以这里还有两句话可以把变现说透：自己吆喝卖自己的产品；自己吆喝帮别人卖产品。体现到平台的页面表现上，就是店铺和橱窗的概念，这便是产品的归属。

至于吆喝，也就是引流，要么老王卖瓜、自卖自夸。拿地方土特产举例，当地县长牵头做地方特产的直播带货，即是如此；要么请网红主播拍摄或者直播地方特产，来替我们吆喝。

那么再追问一点，抖音为什么会火起来呢？

因为用户活跃度足够高，所谓玩抖音，其实是为了要流量。抖音的流量相对于淘宝直通车流量或者搜索流量，会更便宜，甚至有时是免费的。两个平台比较而言，抖音的推广营销几乎没有什么费用。我们做抖音是为了积累粉丝，而且粉丝可以掌握在我们自己手里，这便是当下流行的概念叫私域流量，之后我们会详细讲到。

掌握在自己手中的流量才能变现，因此这里就涉及粉丝归属权的问题。由于抖音的思路比较先进、开放，那么用户自然会用手指来投票，把更加活跃的流量交换放在抖音平台上。不过这里还是要强调，未来可能会有比抖音更厉害的平台出现，正所谓江山代有才人出。但是无论哪个平台，它的核心思考方式是不会改变的，因此这个底层逻辑要吃透。

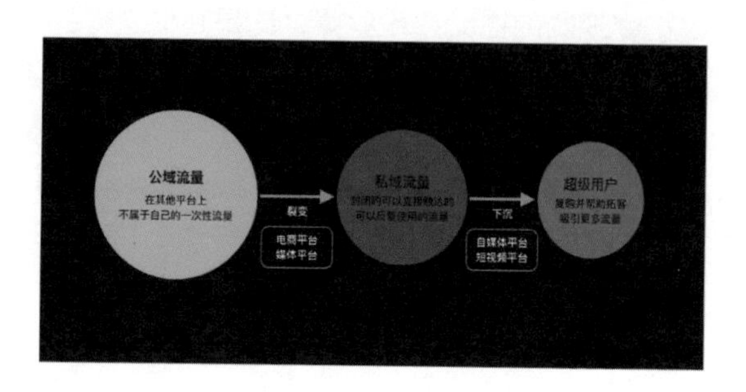

→ 图1-6　私域流量经济

变现——商业思维

商业思维和非商业思维是可以互相转换的。有些人带着明确的目的却一无所获，有些人可能就是出于简单的爱好或者打发无聊的时间，却盲打误撞地变现了。参差多态乃幸福本源。

不过从实操的角度来看，既然我们想要通过短视频来变现，那么大家就应该都是带着商业思维来的，这样可以更加顺畅地开始后续的工作，也就是说我们需要先做好定位，然后围绕着短视频变现来展开操作。

1-2　流量变现

获取流量

变现其实就是将你的流量价值兑换为经济效益。

举个例子，有人说买房就3点：地段，地段，还是地段！好的地段就有高的流量价值，对于房地产来说便是可以快速变现的位置。

就商业而言，短视频如果是一门生意的话，那么它也脱离不了这个规律。

所以变现能力其实就是账号可以长期获取粉丝流量的能力。

品牌价值

以抖音为例。创作者做抖音账号，首先要明确抖音账号的价值在哪里。

我们首先来看账号的品牌价值。账号的品牌价值是指把抖音账号打造成有影响力、有公信力的账号后，作为品牌所带来的价值。

↑ 图 1-7　新华每日电讯账号提供高质量的短视频新闻动态，并且开启了橱窗功能，进行带货销售

↑ 图 1-8　咪咕体育利用抖音拓展品牌，吸收并转化用户进行体育内容付费

谈到品牌价值，我们一般说的都是以机构名称命名的账号载体，无论这个账号背后是个人，还是有多个人，甚至多个部门，从账号的命名到运营方式都是“机构感”十足，其目的也是通过这种“机构感”来吸引更多粉丝的关注。通过公信力、影响力、权威性等特征来赢得更多粉丝。因此我们需要反复强调，账号价值换算的主要依据就是粉丝数。

持续运营的抖音账号，本身就具有一定的账号品牌价值，而“机构感”可以先天地带来高质量的粉丝和数据。从传播的角度出发，受众可以拓展；从选品角度出发，需要优质产品，而且需要产品方背书；从内容的角度出发，天然地要求内容要有价值，否则“机构感”就不存在；从运营的角度出发，互动反馈的提升和负面评价的抑制是需要长期进行的。

网红价值

网红的价值就是通过平台打造的个人形象而获得的知名度。在粉丝时代的今天，知名度就代表获取粉丝的能力，最终可以转换为变现收益。

网红的变现能力很强也很宽泛，尽管没有机构账号所具有的品牌先天优势，但是很多MCN公司正是看重个人博主账号的机动灵活性，因而突出打造网红的亲和力、吸引力、影响力，而这些就是获取粉丝的能力。

↑ 图1-9　罗永浩利用抖音平台直接电商销售变现

↑ 图1-10　陈翔六点半账号作为剧情类网红账号已经拥有六千多万的粉丝，堪比一些“巨无霸”级别的传播公司

这些能力可以通过三种途径变现，一种是直接变现，即直接进行带货销售；第二种是粉丝导流变现，也就是说自己不卖货，但是可以帮忙找到买家。

↑ 图1-11　该账号每天拍摄日常家庭生活的点滴欢笑，搞笑有趣又充满亲情。短视频打破了地域限制，无论是在哪里，只要内容优秀，都可以获得流量，进而持续变现

网红运营流量，如同掌握水闸钥匙，哪里缺水就可以给哪里补水，但是前提是要收费。这也是一种很传统的经济模式，无非是改为放在移动互联网平台上而已。所以创作者依然需要看透商业的本质，再去谈变现，这样就抓住了变现的关键点——受众（消费者）。账号属性、内容策划、制作和运营都是围绕着这个点来展开的。

除此之外，还有第三种变现途径，即产品曝光变现。也就是说没有货，但是可以帮着吆喝。这种途径类似买手店或者格子店，不同品牌的产品可以在别人的账号橱窗中寄售。这种变现是直接用账号进行合作变现，卖出的即是账号的价值。不过衡量这种合作效果最直接的标准依然是产品的销售情况，反推即是粉丝的数量和购买力质量，产品销售便是商业合作的最终诉求。

如果想靠网红来体现品牌价值，例如代言产品或者形象露出，有短时间投放的合作案例可参考，但是基本没有长时间合作的案例。原因在于网红的数量惊人，迭代速度快，因而无法长线运营。

创作者分析

无论是机构还是个人，为什么大家都对流量变现感兴趣，或者认为自己也可以在短视频平台淘一桶金呢？除了周边媒体的大量宣传造势，或者道听途说的一夜暴富故事，最主要的原因是很多人认为短视频流量变现门槛低，拿起手机就可以拍，甚至很多内容质量差的视频也有不错的点赞量。

从对创作者群体的分析来看，除去头部网红和MCN公司，对于流量变现需求最直接的创作者主要有三种。第一种是从其他电商平台迁移到短视频平台的人群。最明显的例子就是淘宝店铺从各大短视频平台的引流，这是增加传统淘宝电商收益的一种新方法。从产品到渠道一切都是现成的，短视频平台是一个很好的流量池，这类人群主要做的是平台转化变现。

第二种是传统线下经济体，例如餐馆、健身房、酒吧等。这类需要到店消费产生交易的商铺，通过短视频平台来拓展线上资源，然后引流至线下进行消费。以抖音为例，他们在运营上可以借助红包、团购等运营工具，以直播、探店等方式来完成线上到线下的转换，也就是人们常说的“O2O”。

第三种主要是兼职做短视频的人群，只要有变现的可能即是成功，如果有一定的粉丝群，再有爆款视频内容的加持，同样可以成为网红或者淘到第一桶金。网红经济、带货经济是生猛的红海经济，竞争非常激烈，个人兼职或者创业都是需要勇气和耐力的，成功没有绝对的真理和秘籍，一切都是在明确逻辑的前提下，耐心实践得来的。

对于网红经济类的媒体报道，有时总有传奇色彩，因为媒体总是倾向于报道标新立异的故事，从而激发读者的阅读和互动，但其实背后的故事往往充满辛酸。商业逻辑和经济规律是笼罩整个人类社会的运行规律，它不会因为时代或交易方式不同就发生变化。说到底，短视频只是一个媒介，如同推销员敲开你家门进行产品推销，不产生真实的销售，叫卖也是无意义的。所以大家需要冷静、客观、谨慎地对待短视频创业。

*什么是MCN公司?

MCN是一种网红经济运作模式，本质是以多频道网络产品的形态，将PGC（专业内容生产）内容联合起来，在资本的有力支持下，保障内容的持续输出，从而最终实现商业的稳定变现。使用这种模式的公司，就是MCN公司。

*什么是O2O?

O2O即Online To Offline，是指将线下的商务机会与互联网结合，让互联网成为线下交易的前台，这个概念最早来源于美国。O2O概念的应用非常广泛，只要产业链既可涉及线上，又可涉及线下，就可通称为O2O。

直接变现

对于创业初期的创作者，店铺和橱窗是最基础的变现方式，这也是短视频平台上可以快速上手、快速得到收益的方式。

店铺功能需要一定的认证文件才能开通。平台对于产品的审核都很严格，所以不但销售方要提供其自身的资质，每一项产品也需要提供相应资料，因此对于个人用户而言会略显麻烦。

橱窗功能则比较方便。每个用户达到一定条件后，均可开通橱窗功能，只需要选品后挂在自己的视频上即可。

店铺和橱窗功能类似于传统商业上的分销方式。店铺和橱窗都可以拿样展示，再将销售数据汇聚到产品方后台进行“一件代发”。二者的区别无非就是经销商的层级不同，利润率不同，类似传统的二级经销商、三级经销商体系，只是渠道被短视频载体和流量的威力不断拓展，在线上形成了销售网络。

做视频，把产品挂在橱窗，售卖后拿到商家佣金，这是最直接、简单的变现方式。这并不是短视频平台首创的，在淘宝体系中，淘宝联盟就提供了这样的通过推广赚佣金的功能，是在各类平台上，“力所能及”的变现方法。

第 2 章

账号篇

2-1 账号属性

账号类型

创立账号是进行短视频运营的第一步。选择不同的账号类型，如同游戏中选择不同属性的职业。从完成选择的那一刻起，它就伴随着不同的属性特点，也存在不同的发展规划。

账号的类型和内容定位息息相关。账号如同身体，内容定位和运营方式如同性格。物以类聚、人以群分，要实现粉丝数据的增长，其中气味相投的聚合力是非常重要的。下面简单地把账号类型归纳一下。

账号主要分为个人号和企业号。这似乎是谁都可以看出的分类方式，但是创作者往往没有看到背后的逻辑。账号的气质之于运营商无非具有4种表现方式：营销品牌、营销产品、营销渠道、营销自己。企业号囊括了前三个点，它所有的运营方式都要体现“机构感”和权威性，例如进行有亲和力的话题讨论，品牌、产品、渠道都是企业号变现的方式。

而营销自己即是网红模式的个人账号，“自己”就包含了品牌、产品、渠道，只不过在创作者没有粉丝基础的时候，它们是隐性的，而粉丝量达到一定程度并可以进行商业转化时，它们就显现出来了。你自己就是品牌；你可以选择产品赚取佣金来变现，甚至可以做出自己的产品；你以不同的沟通方式和售卖方式运营，其实就是相应的渠道。

这样看来，个人号和企业号从选择的那一刻开始，就要采取不同的定位方式和思考方式，这便是核心，一切都是围绕账号这样的“身体”来丰满“性格”的。参差百态的世界需要不同灵魂来拓展它的边界，不拘一格来自于不同的身体和性格的搭配。所以这里要说一句，运营本无统一的公式可言，创作者看到的其实都是个例，运营的效果取决于个例的内因、外因、时间、空间，并没有特定的规律可言。创作者只能了解它的发生规律，但当创作者去分析某个案例时，创作者得到的已是落后的经验了。运营其实是探索，这也是它令人沉醉的魅力所在。

在账号身份表述上，创作者经常会听到UGC、PGC、PUGC这类代号。创作者在理解它们时，可能会感觉这些只是为了表现所谓专业度的冷冰冰的术语，其实不然，这些术语的背后是创作体系、运营方式和定位的核心。UGC代表的是用户自产出内容；PGC指的是专业产出内容；PUGC则是专业用户产出内容。那么这样归类有什么意义呢？其实你也可以这样理解，UGC就是个人凭兴趣来制作的短视频内容；PGC就是机构凭借专业度制作的散发着“机构感”的短视频内容；而PUGC则是专业用户做的短视频内容，或者机构以个人名义来制作的短视频内容，在个人这个“身体”和“性格”统一出的形象背后，其实是一个专业的团队在支撑着他的内容创作和运营。

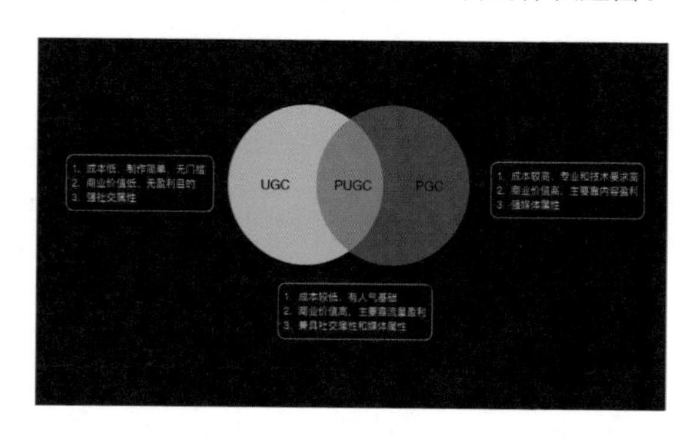

→ 图2-1 账号身份的特点

现在仅靠个人产出成功的内容（即点击量和粉丝量暴增）并不多，个人账号最终的命运往往还是要被机构签约，从而被机构所掌控。

那么这背后的逻辑通俗地说就是，要么自己干，但最终目的仍是回归到机构旗下；要么直接成为机构的一员，让机构帮着你来做。对于个人做短视频来说，其中有兴趣、工作的成长弧光，但最后其实就是工作、工作、工作。对于短视频的创作者而言，能坚守在兴趣上的凤毛麟角。

账号的内容即是账号的性格，也是创作者运营的灵魂。在这里要明确运营方向，回归到变现这个终极目的，那么以产品为核心的短视频才是有“价值”的内容，因为这类内容可以帮助你吸引和筛选粉丝，粉丝的数量和质量直接代表着流量的多少和转换率。因此，你可以认为内容就是流量，而流量不正是大多数创作者所企盼的吗？

垂直领域

谈及运营方向，那么现在回到垂直领域这个话题，垂直做某一个领域的前提是这个领域可以变现。这里不谈情怀，直奔主题，既然做垂直领域意味着别无其他选择，只能一直深度挖掘，这样挖掘的目的是什么？创作者可以把目标人群划分为群众、群体和团体，这也是不同产品的不同受众群。日用品、消耗品都是群众话题，例如母婴类、化妆类内容，其受众面很广，可以快速接触到变现层级，且门槛并不高，创作者即是群众的一员，我能做，你和他也能做。

群体话题更加垂直一些，例如汽车类、健身类内容，有特定的爱好者群体，创作者需要了解或掌握一定的相关知识才能开始内容制作。而且受众面略窄，门槛相对群众又较高，他能做，你也能做，但是我不懂这方面的内容，我就做不了。

团体话题，例如天文类、哲学类内容，其受众面更窄，即使从科学变成科普内容，依然话题寥寥，商业变现较少。

在以变现为最终目的的短视频运营工作中，单纯去分析垂直领域，不如直接去找容易变现的产品，这个产品所代表的领域就是你需要做的垂直领域。千万不要说，我有这样的爱好，或者之前是学某个专业的，这些对于你做选择或许有帮助，但是对于用爱好或专业身份去变现，却并不一定有保证。如果你有这样的爱好，或者是学某个专业的，你要是能找到变现的方法，早已经实现了，没必要等到短视频这个风口的出现。所以不如正视自己，反复问创作者的目的究竟是什么？创作者敢不敢抛开性格和情怀来直接和最终目的进行一次对话。

“短视频+爱好”只是UGC合成创作方式的一种，其商业化是非常困难的，那些成功的网红所谓的经验其实并不可复制。“短视频+产品”才是通过短视频变现的正确思路，也是剔除其他路径直面最终话题的化繁为简的好方法。

所以研究所谓的垂直领域并不是在研究你自己，而是研究产品，这个思路不做转变，任何外因都是无效的。

销售思维

账号的设立最好要带有销售思维，这就需要反复强调创作者设立账号的目的。如果就是以变现为前提的，那么所有的动作和思维都需要汇总蓄力在一个点上，这就是所谓的“一指破天”。所有的精力聚合在一起才能离目标越来越近。

销售思维需要明确发力点，创作者在很多成功的案例中找到了粉丝数、点赞数等指标数据，但是如果创作者仅奔着这些数据去，那么就如同画一幅画，创作者可能把每个细节都勾勒得很完美，但是退后几步看到整体后你会发现，整体的造型可能会有偏差。这也是一些粉丝数量多的账号无法变现的原因，所以指标数据是需要综合考量的，而且需要时刻明确它们和目标的关系。

怎样才能时刻想到它们和目标的关系呢？销售思维就是一个连接纽带。使用广告学的定位观点，创作者在达到变现目标的过程中，一定要明确：创作者的产品是什么？创作者的受众在哪里？创作者的目标用户是谁？这是一个嵌套关系，只有最外围的产品和最内部的目标用户对接成通路，才能产生售卖，也就是作者反复提及的变现。

2-2 账号设定

经过之前的介绍，创作者可以明确一个结论，粉丝数是有价值的，这是初始运营时很关键的指标。但它又是无价值的，如果只注重数量而忽视粉丝和最终变现产品的关系，那么受众圈层和变现将无法关联。如果以变现为目的，那么只注重粉丝数量的运营注定是无效的。

先明确这点的好处，即是让创作者能更加明确工作的方向和主题，这样再来进行账号的建立和设定，才能思路清晰并且可以操作得得心应手。

账号注册

和其他社交软件的注册一样，短视频平台的注册现在也需要和手机号绑定，这也是建议的账号注册形式。当然还可以使用QQ号或者微博号进行注册，但是随着后续商业运营工作的增多，可能会由多人使用一个ID进行运营管理，所以手机和验证码登录的方式最为方便。

以抖音为例，建议大家绑定今日头条和抖音火山版，这样可以增加多平台运营的可能，扩展账号运营的渠道。

因为实名认证只能和一个账号绑定，为了有更多的试错机会，建议大家不要注册后马上就做实名认证，可以待账号数据表现良好，具有长时间运营可能性时，再实名认证。短视频平台的账号注册也是一种试错方式，对于所选垂直行业、产品、内容策划等都有相应要求，注册后能否长时间运营无法准确预测，但是实名认证的机会却只有一次，所以建议不要提早认证。

账号名称

如果账号是“身体”的话，那么起号的关键就是为它注入灵魂，账号名称和背景资料就如同这个灵魂。和现实中的人类似，需要通过基础资料的设定来完成其“社交属性”的预设。

用流行的话来说，创作者需要为账号设定一个“人设”，创作者需要告诉短视频用户：我是谁，我是一个怎样的账号，我关心哪一类话题，我可以为你带来哪些价值。创作者甚至可以在这些“人设”中埋下很多运营的伏笔。

当然也可以做成无人设的账号，或者人设模糊的账号。

背景资料

在注册账号时，昵称和头像可以体现亲切感，因此最好选用能明确创作者内容方向的昵称和头像，从而与产品及关注点关联起来，用昵称和头像来说明，我是谁。

个性签名如同一句广告语，你需要用其明确你的价值，努力地推荐自己。主页背景是对账号人设的强化，类似你个人的橱窗。

在个人简介中，除了介绍自己外，还可以加入自己的微信号或者QQ号，这是一个连接其他平台的入口，也是未来创作者开展私域流量运营的第一步。很多短视频平台的好处即是这样，你可以把平台粉丝转化为个人粉丝，类比一下淘宝平台的粉丝体系，短视频平台对于个人用户的友好程度一目了然，这也是很多人转投短视频平台的根本理由。

“人设” 打造

有人设。在注册账号时，需要明确身份信息，例如性别、年龄、地域、毕业院校等，可以增加人设的可信度，而且对于圈子社交有很大的帮助。总之平台后台需要填写的内容尽量全部完成，既然有这样的设计，那么就证明这些是有效的社交属性设定。

↑ 图2-2 专业度人设

↑ 图2-3 一句有趣的话，拉近账号和用户的距离

↑ 图2-4 账号内容和人设介绍明确，商务联络方式清晰

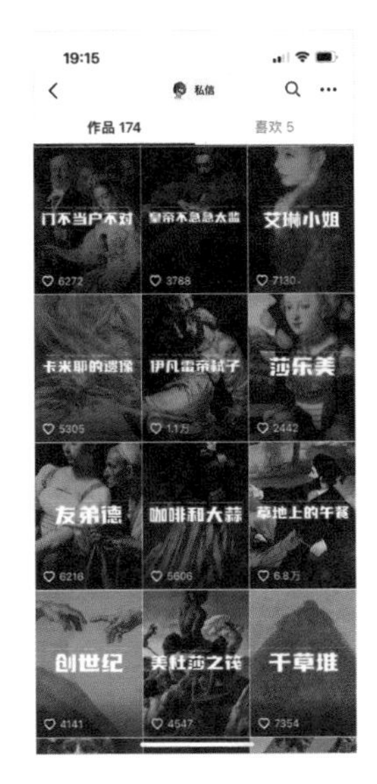

↑ 图2-5　页面风格统一

↑ 图2-6　明确介绍账号内容，橱窗、粉丝群、内容分类清晰

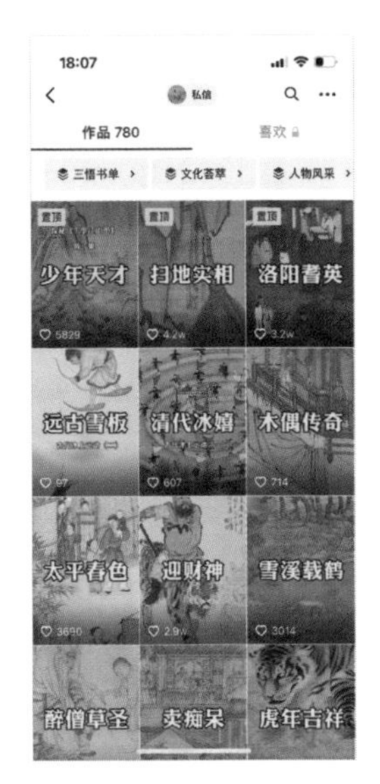

↑ 图2-7　内容分类、封面设计统一

无人设。这一类主要是机构注册的账号，昵称和头像都与机构标准形象设计一致。机构需要的是权威性，也就是“机构感”，用通俗的话说就是“一定要像那么回事儿”，否则机构的实力无法体现。

个性签名和背景资料一定要和机构价值观绑定。当然也有拟人化的机构设定，这是为了增加亲和

↑ 图2-8　机构号，“蓝V”认证，签名言简意赅，是既具有官方权威性，又具有亲和力的信息发布平台

↑ 图2-9　机构号，蓝V认证，宣传标语准确有传播度，设置投稿信箱信息，增加互动性

力，目的是体现服务，因而这也是服务行业首选的人设方式，也可以把这类拟人化的机构账号归结到“有人设”的范畴中。

人设模糊。这一类多为素人账号，体现的就是“素人感”，也有很多运营的变化在其中。

素人账号给人的感觉就是真实感，可以毫无顾忌地进行推荐或吐槽，作为主观性极强的内容，这种真实和友好会获取大量的粉丝，摒弃了用户反感的广告气质。正因为如此，很多运营机构也使用这样的方式进行账号设定。

↑ 图2-10 发布国外生活日常，身边事，日记体，带来强大的流量

↑ 图2-11 展现农村生活，每集都有山野美食制作过程，有烟火气

账号差异

个人号仅使用手机号就可以注册，是面向大众的最便捷的账号注册形式。但是企业号则不同，需要提供营业执照认证，因而从账号的层面就已将自然人主体和法人主体资格进行了区分。

企业号在权限上相对于个人号是有足够多的优势的。第一，企业号可以直接发布60秒的长视频，个人号发布长视频则需要有1000个粉丝；第二，企业号可以自定义头图，可以为主页进行更好的设

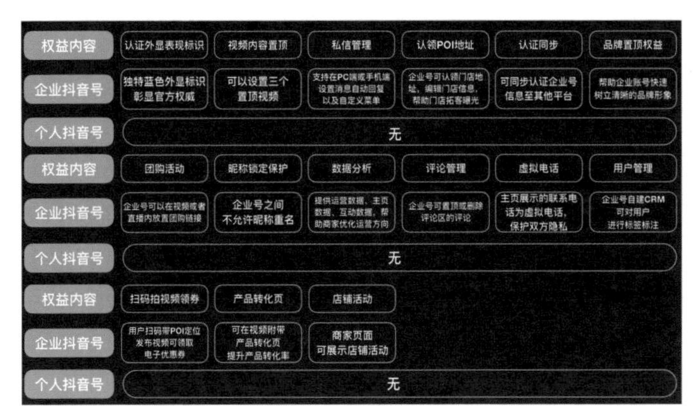

个 图2-12 企业号和个人号权益内容的不同

计包装；第三，可以有“蓝V”认证标志；第四，可以将公司链接显示在主页上；第五，可以在视频发布后看到相应的数据分析表，对于播放量、完播度、点赞量、粉丝数都有相应的数据分析供实时查询；第六，可以设置视频置顶功能；第七，对于使用相同手机号注册的今日头条和火山小视频，可以同步认证，不需要再另外交认证的费用；第八，可以有更好的流量推荐机会，类似于淘宝的企业店铺和个人店铺，企业号会有更多的流量推荐机会；第九，对于产品店铺和橱窗功能有更便捷的开通方式，这个在后续的变现部分会仔细分享出来。

以抖音为例，在个人主页的设置过程中，企业号和个人号都有相应的教程可以供参考，这也是创作者学习短视频运营非常好的线上课堂。

注意要点

1. 创作者要根据内容方向来做账号名称的设置。如之前所述，营销品牌、营销产品、营销渠道、营销自己，根据这些来确定创作者的名称。比如创作者的内容是为了营销品牌，创作者可以直接使用品牌名称，或者是品牌名称的代表人物。建议大家使用人格化的名词加内容，这样直观明确，又具有亲和力。

2. 头像。对于非人物账号，建议大家直接使用标识或产品商标，也可以使用人格化的头像。无论怎样目的只有一个，就是要有记忆点。头像就是符号，即使再深刻有内涵也只是对于符号的解读而已，对于传播而言只有一个要求，那就是容易识别。

3. 简介。最好让简介、封面图和引导语有统一的字体和描述形式，内容要简洁、精炼，尽量体现出账号特点。最重要的是要把联系方式挂在简介上，这样才可以转换粉丝身份，以便绑定在更加紧密的私域流量范畴内。

2-3 账号权重

经常会听到账号权重、产品权重等词，大家可能并不明晰其具体含义，但是谈起权重就能感觉到这是重要的指标项。这里说到的账号权重是新媒体领域一个常用的说法，在很多新媒体运营范畴的沟通中，大家都会提及账号权重，究其根本，账号权重就是指账号获取流量的能力。

流量池规则

在短视频运营过程中，视频的曝光量直接影响流量的获取能力，平台把它形容成流量池，即先推荐到小范围人群中，收获良好的评价后，再推荐到更大的样本人群中。

流量池推荐是大数据进行判断的试错方式，通过用户互动来完成整体评价，通过不断的试错和不断的评价反馈来定义视频内容的优劣。举个例子，一条视频如果前期先推荐500人观看，这500人会用不同的形式来完成反馈，每一个动作都是一个评价锚点。在之后的章节中谈到推荐机制和观察运营工具时，笔者会对此再做详细讲解，现在创作者只需要简单了解即可。

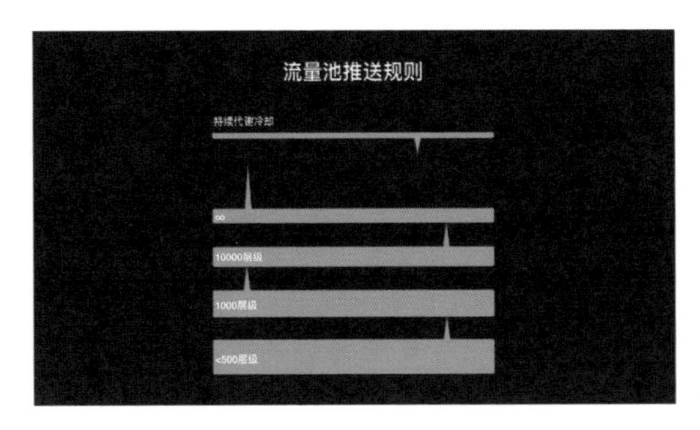

← 图 2-13 流量池推荐规则

如果你刷到一条平台推送的短视频都会有哪些反应呢？快速刷走，代表完全不感兴趣；观看，但是看一会儿依然选择刷走，这代表用户对此类话题感兴趣，但是内容并不吸引人；全部看完了，甚至看了两遍，这代表用户对于视频内容感兴趣，视频做得还不错；点赞，代表认可；评论，代表有交流意愿；收藏，代表内容有价值；转发，代表话题和内容有价值，有社交意义，甚至有跨平台互动的价值；关注，代表用户对内容制作者的认可。

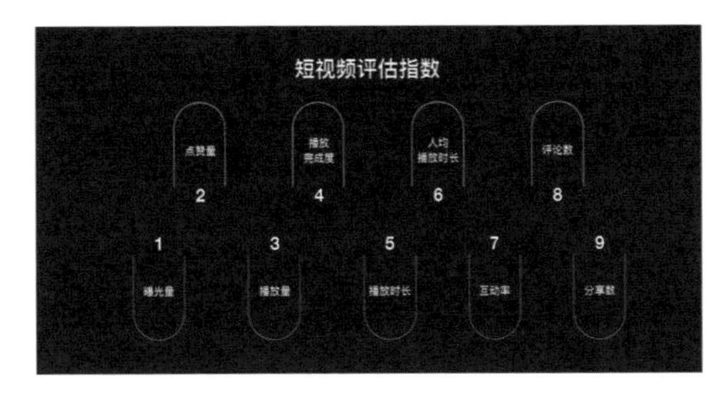

← 图 2-14 短视频评估指数

用户的每一个动作都是一次即时反馈，对于内容优劣的判断即是用这样的方式作出的，所以关注拇指的动作成为短视频或者移动互联网内容运营的关键。很多核心数据或者权重的表现也都是在拇指上划过的，创作者看到这一点，就可以更好地理解此类运营工作的原理。

需要重点提及的是，短视频平台的大数据会对用户喜好做出定义，投其所好就是大数据的工作，创作者以后无需标榜自己是怎样的人，只要看看手机推送即可明确地做出个人喜好的判断。

推荐权重

以抖音平台为例，新手账号的初始阅读量如果单条视频播放量在100以内，这样的账号权重就极低。如果连续发布视频作品单条视频播放量依然停留在这个范围内，那么这个账号最好趁早停掉，系统已经默认其权重为“低水准”了。现在再想想，刚一注册账号就立即实名认证，显然不是个好主意，创作者需要等一等再认证，才是理智的。

正常权重大致表现为500～1000的播放量，这是一个对所有用户都很公平的播放量。如果你的后台数据表现落在这个范围内，那么最起码代表账号是健康的。如果权重有所下降，那么创作者需要观察连续发布的视频内容是否出现违规，或者是否被系统做了侵权、盗版、敏感词违规等判定。这里有个小建议，创作者的视频中最好不要带有任何商标和水印，以免被系统误判。

抖音账号权重				
类型	僵尸号	低权重号	待推荐号	待上热门号
视频播放量	低于100	300-500	1000-3000	10000以上
账号权重	权重基本为0 系统没有推荐	权重较低 分配到初级流量池后无后续推荐	权重较高 视频有至少两轮推荐 获得曝光较多	权重高 有上热门潜力 需助推
建议	查看账号是否有违规 并避免再次出现违规 正常发布视频即可	提升短视频趣味性	持续创作高质量短视频 与账号定位强相关 垂直深耕	可投放DOU+ 参与热门活动话题 及官方活动

→ 图2-15　抖音账号权重

提升权重

提升权重就是指提升获取流量的能力，这个逻辑推导出的结论，即是要发送那些用户喜欢看的内容。初期时视频内容可以和账号主题内容不一致，权重增加后再把此类视频删除即可。

刺激平台二次推荐内容。当你开启平台直播功能后，平台会针对账号的以往内容做同时间段的再次推荐，所以保持直播开启的频率，也是提升短视频播放量的好办法。

粉丝量达到一定级数的账号，其权重自然会越来越高，起点在1万以上也是常见的。权重和粉丝数是成正比的。

短视频平台运营的公平性就在于所有流量都是内容优劣的反馈，所以持续提升内容创作能力，持续产出优秀的作品是流量提升最根本的解决办法。

精准粉丝

短视频平台的变现都是针对垂直领域粉丝的，对此很多人都会谈及一个流行的术语赛道。创作者可以认为“赛道”指的就是不同的行业内容，垂直内容就是覆盖单个行业的内容。行业的体量代表着目标人群的基数，内容的深度代表着账号的专业度。

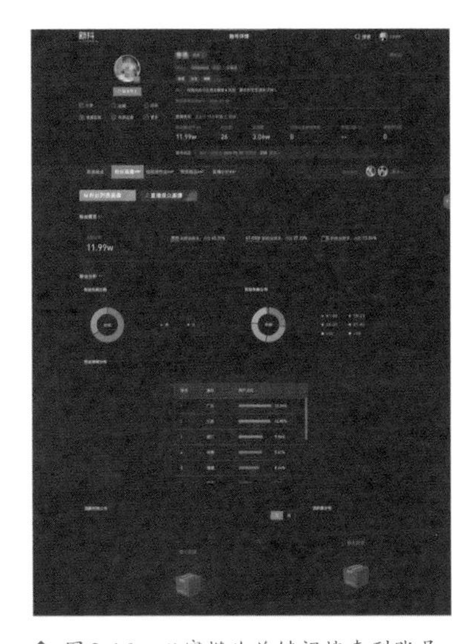

↑ 图2-16　以穿搭为关键词搜索到账号，分析粉丝画像，该账号虽然已有11万粉丝，但是男性比例偏高，年龄以41～50岁为主，粉丝不精准，后期靠服装饰品变现的可能性不高

↑ 图2-17　“罗永浩”账号的粉丝画像，男性比例高，年龄在31～40岁，有购买能力，这和他的人设以及所售卖的产品有关联，变现肯定是成立的

流量和权重一开始是不公平的，比如母婴类内容和滑雪运动内容，他们都有相对应的可变现产品，但是人群基数和单品价格是完

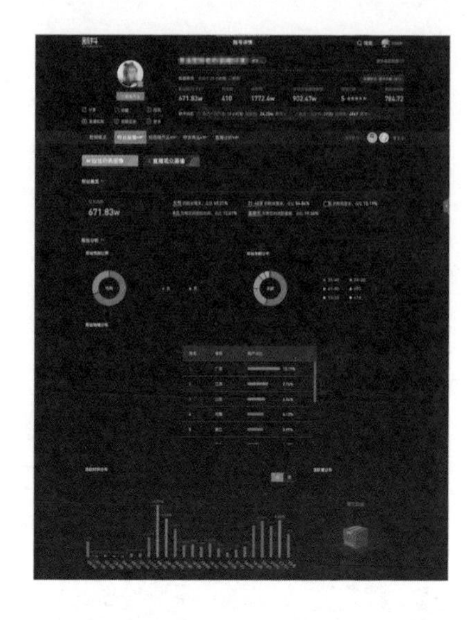

→ 图2-18　该账号以女性为主，年龄在31～40岁，有购买能力，账号的日活跃时间为早上8点，周活跃时间为周五，从这两个数据看出账号的主要用户是白领女性，工作需要她们不断地提升英语能力，所以课程内容变现的逻辑是成立的

全不同的。人群基数大的行业往往相关产品的价格标得不高，而专业领域的产品价格就会很高。短视频平台的用户先天具有价格敏感度，所以很多专业产品并不适合在此类平台上售卖变现。

垂直深度可以定义粉丝精准度，但也仅是粉丝而已。它的宣传价值以及能否产生购买行为还要取决于垂直类内容的其他属性，这需要综合判断。账号创立之初就要有明确的规划，这也是一再强调的。

粉丝的精准度在投放上是有价值的，如果是采用广告变现的方式，这是非常有效的。这里可以总结为，要流量，粉丝在于多；要变现，粉丝在精不在多。

流量为王

账号权重的重点和终点就是流量，流量带来机会。粉丝数可类比为餐馆包间的电话预约数，在食客到达餐馆之前，这个数据并不能预测销售量。而流量则类似于实际到店的食客人数，他们可以直接反映销售量。

粉丝基数可以保证部分流量。以抖音为例，6亿流量的基数乘以即使很低的转化率，也可以筛选出大量的精准人群。庞大的粉丝基础带来高流量和相应的高转化，这也是现在很多人都在玩抖音的原因。

2-4 变现定位

创作者已经有了账号，也就是在短视频平台上的身份，了解了流量的运行规律，之后所有的工作都需要按照流量规律来进行，这样才会有明确的方向和定位。

后续工作

首先需要观察账号的运营数据，比如播放量、点赞量、回复数据等，依靠它们来判断账号的流量权重是否正常。如果数据保持不变，或稳中有升，这时创作者可以进行实名认证或者企业号的认证工作。

运营上需要注意要持续做好引流工作，账号的风格、内容、出镜形式要保证统一，逐渐形成账号自身的风格。这段时间的主要目标是涨粉，需要拥有基础粉丝量以保证流量权重不断提升。风格统一即是筛选粉丝的办法，可以保证数量和质量。

账号的风格应基本上保持不变，一般来说，创作者发布第一条视频的时候就确定了账号的风格，以后是没有办法改的，因为如果改的话对粉丝的影响比较大。账号的内容创作可以根据产品选择合适展现的类目。至于内容的表现形式，创作者可以选择是真人出镜还是文字推广或是图文，或者是唱歌跳舞，但选定了一种形式后，从前期策划拍摄到后期制作最好不要随意更改。

短视频平台，以抖音为例，是一个移动互联网内容集群，短视频和直播是集群内的主要功能，也是内容主要的呈现方式。另外还有以中视频内容为主的例如西瓜视频，图文等内容为主的例如今日头条等平台。不断细分带来的是流量的不断平移，针对用户不同年龄、性别、网络关注度的特点，让用户流量可以分门别类地释放，并且很多用户注册短视频平台账号，其目的就是直播带货变现，所以不要忽视直播功能的使用。

类型定位

以带货变现为目的的短视频类型，无外乎以下4种形式，所以在最初的账号内容设计上就需要归类并长期坚持。

这些视频类型的出发点都是以带货为主的。

1. 测评试用。这是非常主流的内容形式，但是需要专业性和权威性，具有一定的门槛。这类内容是很多机构账号所喜欢的，如果个人号进行制作，那么需要对人物的人设背景进行精心打造或加强才行。

↑ 图2-19　该账号客观公正的测评为它带来了信誉背书，粉丝的黏性非常高

↑ 图2-20　通过视频左侧的购物链接，直接可以进行带货变现

↑ 图2-21　该账号的小店销售数量在10W+

2．打假避雷。这类短视频的数据流量往往都非常好，如果类比电视栏目的设置，可以看作是“产品质量报告类”节目。但是在短视频平台上，内容逻辑不能停留在打假避雷，而应是以打假避雷为切入点来吸引用户观看，最终推出可以安心使用的好货，再促成下单。

↑ 图2-22　以打假避雷为主题的账号

3．种草推荐。这是生活小窍门类的内容，主要以家居类、厨房用品类、汽车类、化妆类等产品为主，安利好用便宜的产品，或是可以解决生活中的小问题、小尴尬的产品。

4．低价促销。这类是明确的广告类视频，这类内容所需变现的产品基本都是低价产品。因为短视频平台上的用户往往价格敏感度很高，所以在选品时，“低价”“折扣”等关键词很重要，具体之后会有专门的内容做分析。

↑ 图2-23　使用橱窗功能进行销售

↑ 图2-24　种草安利类账号

↑ 图2-25　低价香水推荐，可以直接销售变现，也可以广告变现

↑ 图2-26　“捡漏”“低价”对于用户来说是非常敏感的词汇，配合字幕功能引导用户持续观看，即使不做售卖也可以得到很好的流量

内容细分

对于短视频或者移动互联网内容而言，一定要进行细分，分到不可再分为止。这也是在做内容策划时需要反复使用的小技巧。因为不断地追问是保证执行落地的好办法。

创作者在寻找赛道时是在进行行业类目的选择，产品和行业相关，但是产品是否和人群相关联？这些人群是不是短视频平台上的用户？这些用户是不是该账号粉丝？一番追问下可见一切最终还是落在产品和人的关联上。

但是这还不够，产品是否还可以细分？人群或者粉丝是否还可以细分？例如服装，男装还是女装？上衣还是裤子？商务还是休闲？均码还是大码？丝滑还是耐磨？这些不同的参数组合就是一个个细分领域。或者创作者回想一下曾经红火的批发市场，商家是如何进行分类的，有没有大而全的商家，是不是小而专的商家生意更好，更有针对性。按这样的思维逻辑，再结合产品资源来进行细分才能有精准的可能性，否则发力广而受力点小，既没有效率也不会有成绩。

账号人设和粉丝之间要有内容可以沟通，不能曲高和寡。选择哪种沟通方式，首先要结合创作者的产品，其次结合创作者的粉丝人群，再次结合创作者的市场。粉丝质量是粉丝的消费能力决定的，产品定价和内容都在不断地筛选粉丝。

另外创作者也需要反复思考这些问题，比如这些粉丝的画像是什么样的？这些粉丝为什么要粉创作者的账号？精准的目标人群，投其所好的内容，价格适中的产品，是实现带货变现的必要条件。

2-5 实用技巧

了解了起号的流程和运营逻辑后，在本章的最后，笔者将一些实操经验和工作细节也简单地罗列出来，帮助创作者在细节上查漏补缺，精细化运营账号。

发布时间

从下图中创作者可以看到，从零点开始，粉丝活跃度会逐渐下滑；直到早晨6点开始，粉丝活跃度逐渐上升；在上午10点到下午1点的时候，会达到一个小高潮，形成峰值；下午的流量会呈现为稳定上升的趋势，到下午5点又会达到一个峰值；从下午5点之后，流量就开始下滑，直到完成全天的循环。

上午的10点到下午1点，下午4点到晚上7点，都是发布新内容

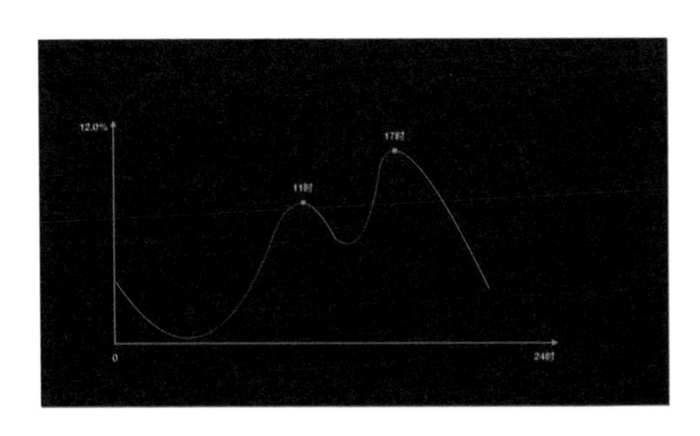

← 图2-27　全平台粉丝活跃度图表

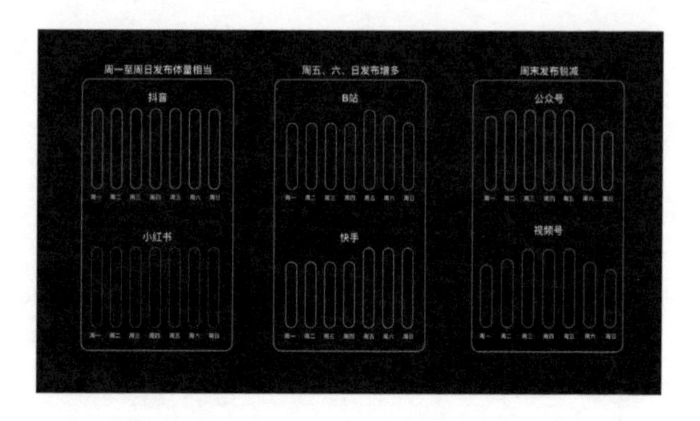

→ 图2-28 平台周发布活跃度图表

的好时机，这也是最容易获得推荐的时候。数据分析表明，全平台的创作者偏好上午11点和下午5点发布内容；在非工作时段，微信公众号早上6点到9点发布体量最高，小红书晚上9点到晚上12点发布体量最高，B站的用户则更爱在凌晨1点到5点进行发布。从这些数据也可以看出平台用户的年龄段、阅读趋势和人群定位。

如果观察周发布情况，可以看出记录生活的UGC平台，抖音、小红书的发布周期很均匀，无明显作息特征；而成熟度和PGC程度较高的微信平台，公众号和视频号的周末发布体量明显下降，证明此类平台已经成为了公司机构的首选发布平台，与工作的关联性很强；B站和快手则反向发力，更易在周末抢占用户时长。

不过集中发布时间的流量竞争是比较激烈的，创作者的运营工作在没有爆款视频或不是头部网红时，一定要做到顺势而为。但是竞争激烈也代表着数据量迅猛，这个势头正是创作者所需要的。

话术引导

1. 引导观看型。创作者可以在账号简介和内容引导语中加入一些语句，引导粉丝完成视频观看。例如，“一定要看到最后，这也太意外了！”“最后一幕笑死了！”创作者要引导粉丝完成观看完成度，即完播率，这是衡量账号权重的很重要的因素，观看完成度越高，创作者后期视频获得的推荐量就越大。

2. 引导讨论型。创作者可以在简介位置加上一些引导语，例如；“不服来辩！”“有什么问题都可以留言告诉我！”从而来引导粉丝给创作者留言，留言也是会增加创作者视频权重的。

3. 引导加粉型。很多话术都是劳动人民智慧的结晶，通过使用者不断地提炼才能产生，而且已经被众多账号所验证，所以大家不要羞于表达和使用。例如，“点关注，每天更新”，“点关注，不迷路”等，这些简单的话术对于引导用户关注很有帮助。

视频时长

在起号初期创作者的一切工作都是围绕着视频评估数据来进行的，这里需要再次强调“观看完成度”的重要性。如果创作者的视频太长，一定会影响到创作者的完成度的，造成跳出率太高，从而导致视频权重下降。

以抖音为例，在起号前期，因为1000粉丝以内，只能发布15秒的短视频，所以创作者只需要把15秒的内容充实起来。在粉丝数达到1000人之后，开通了一分钟长视频权限，创作者是不是就一定要把一分钟都给录满呢?

创作者一定要注意短视频的黄金时间，建议视频长度在20秒到30秒之间。如果你的视频是比如娱乐搞笑类这种关联性不是很强的视频，那么视频长度一旦超过30秒，粉丝自然就没有兴趣看下去了。

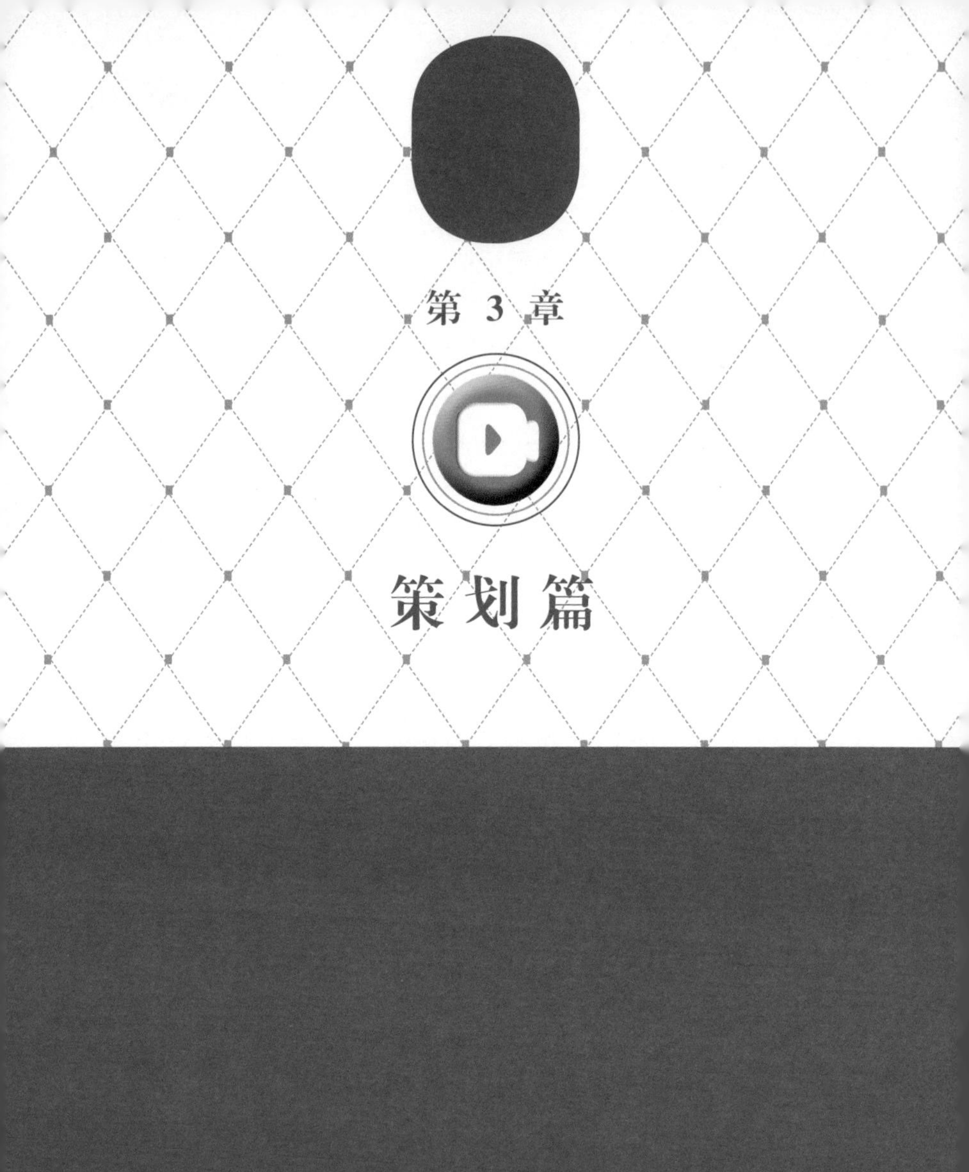

第 3 章

策划篇

3-1 运营事项

授人以鱼不如授人以渔。互联网的发展奇快，创作者往往只能做“事后诸葛亮”，仅能做案例的总结者，从中发现经验，因此往往会有时滞。不过明确规律和方法才是必要的，如果只是功利地去找某一个产品的解决方案，那么创作者永远都会滞后。不断学习知识的目的是拥有前瞻性，而解决当下问题的能力无非在于如何运用知识。

所以在进入短视频运营内容的章节时，创作者不但要学习短视频运营的技巧，更重要的是要明确运营的知识，这样才不至于永远处在落后的状态。

媒体运营

新媒体是继报纸、广播、电视等传统媒体之后，依托互联网信息化技术发展起来的新的媒体形态，主要包括网络新媒体、移动新媒体和数字新媒体3种，形式上又可细分为门户网站、搜索引擎、虚拟社区、博客、网络杂志、电子邮件等。而本书涉及的则是当下比较流行的短视频领域的运营。

新媒体运营是指借助这些新兴媒体推广品牌、营销产品的运营方式。新媒体运营常用的方式就是围绕品牌策划一些具有高度传播性的内容与线上活动，有针对性地向客户推送消息，提升客户的参与度与品牌的知名度。

（1）聚集粉丝

聚集粉丝是新媒体的一个重要特点。粉丝是一个特殊的用户群体，他们关注新媒体不仅是为了获取相关内容，还有可能成为潜在的或忠实的消费者。从本质上讲，粉丝经营就是用户管理，无论是在虚拟的网络上还是在实体经济中，这一点都没有太大的区别。在短视频运营领域，聚集粉丝就是聚集流量，提高账号权重。

（2）分享传播

分享传播是新媒体的一个非常鲜明的特点。在传统媒体环境中，人与人之间的信息传播大多通过语言和图文完成；在新媒体环境中，人与人之间的信息传输方式变得越来越多元化：发布平台多样（如论坛、微博、朋友圈等）、信息反馈及时（如点赞、评论、转发等）、聚合方式繁多（如“#”话题、主题贴吧、兴趣小组等）。新媒体的特点很多，而粉丝聚集快速和分享传播简便则是互联网科技给予新媒体的优势。短视频作为新媒体形式的组成之一，分享即代表着流量，而流量则是变现的前提。

运营工作

短视频是新媒体呈现形式中的一种，所以在运营规律上和新媒体运营是一脉相承的。了解新媒体运营方式，对于短视频运营的工作方向有明确的指导意义。

（1）运营流程

新媒体运营流程的三大环节分别是拉新、留存、促活。

拉新：明确用户位置，以较低的成本获取新用户。

留存：发现最佳用户，让用户持续使用自己的产品。

促活：激活不使用产品的用户，让其使用产品

（2）运营级别

新媒体运营分为三个级别，分别是初级运营、中级运营和高级运营。这三个级别如同运营部门中的职位名称和相应的权限管辖范围，它们的工作思路、立场和统筹方式各有不同。

初级运营：负责完成新媒体运营流程三个环节（拉新、留存、促活）中的某一个环节，承担具体工作。

中级运营：覆盖完整的三个环节。从流程的角度来思考三个环节之间的互动关系，形成有效的工作方法。

高级运营：贯穿完整的三个环节，拥有更丰富的资源和更大的思考维度，需要整合和调配运营资源，形成工作目标。

（3）运营内容

新媒体运营的内容非常丰富，包括用户运营、社群运营、活动运营、内容运营和商务运营等。

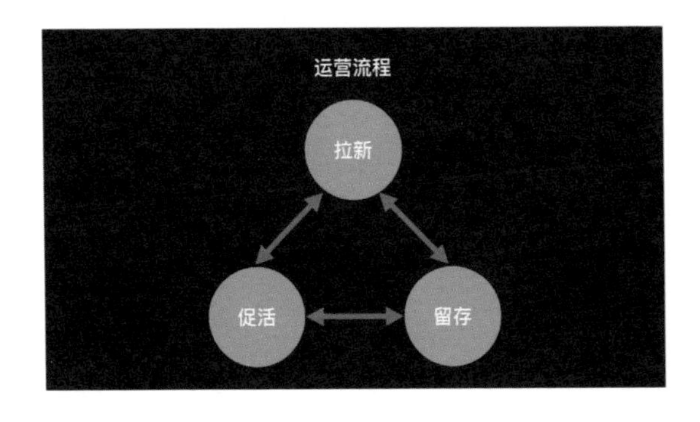

← 图3-1　运营流程图

运营范畴

在新媒体时代，微博、微信的出现与发展使整个互联网世界发生了巨变，这种巨变的结果就是自媒体可以和传统媒体分庭抗礼，在发布数量、频次、覆盖范围、内容专业度上不分伯仲。受众可以有更多的渠道来接收信息，传播的内容也可以尽量减少传播环节来直接触达用户。在新媒体领域甚至可以认为，个人就是企业或媒体，它们可以统称为机构，它们的构成可大可小，但是都有一样的发声权利。

在短视频运营中，基于以上的分析，可以把运营思路和范畴总结为：在相同的渠道中，个人账号需要趋同于企业号，尤其是在管理上；而企业类账号需要在气质上靠近个人号，消除机构感，增加亲和力。

在传统的互联网环境中，企业使用得最多的推广方式是网络推广，该模式具有低频更新、高频互动等特点。现如今，在新媒体环境下，短视频推广成为企业运用较多的推广模式，这种模式具有内容明确易推广、高频营销、实时互动的特点。

对于那些严重依赖新媒体的公司来说，内容形式和运营方式的变化对其产生了非常大的影响。粉丝数量关系到企业的用户价值，甚至直接形响资本市场对企业价值的评估。从这个方面来看，对企业来说，机构类短视频账号的价值很大，内容运营的重要性不言自明。

谈及新媒体运营，不能简单地认为就是用微信、微博、短视频账号等高频次发布宣传内容、信息，进行网络直播，或者制作新媒体海报在朋友圈转发。这些只是形式和手段，究其本质，新媒体的运营所对应的推广产品信息、品牌信息背后的工作目标，那就是变现。

新媒体运营并不简单。从本质上来讲，新媒体运营是品牌营销思维与市场销售思维的结合，无论是微博、微信运营还是短视频账号运营，都只是途径。新媒体运营涵盖的内容非常丰富，包括内容生产、新媒体活动策划、产品创新、产品IP化推进、用户在线服务与运营等。因此要想了解新媒体的运营逻辑，就必须明确新媒体的运营范畴。短视频的运营范畴在思路上与其统一，但是短视频的运营范畴并不能等同于新媒体运营，它只是覆盖其中一部分更加具象的工作范畴，而不是策略性的布局。

可以简单地总结为：短视频的运营范畴主要围绕新媒体平台的管理运营、短视频内容的营销运营，以及粉丝运营。

基本条件

短视频运营的三大基本条件：粉丝多、内容丰富、与粉丝互动交流。

（1）粉丝多。如果是短视频运营，就要先看短视频账号的粉丝数量。

（2）内容丰富。运营人员的知识面越广，对粉丝和平台的发展趋势与脉络了解得越深入，越能实现成功运营。

（3）与粉丝互动交流。交流即是用户体验的体现。

运营思维

1. 平台运营，整合资源

面对短视频领域海量的账号和内容，任何企业、个人仅凭自己的资源与能力都难以做大做强，要想发展壮大，就必须采用符合平台发展的运营模式。不断发展的过程，其实就是整合资源的过程，但是要时刻谨记一切都应以平台思维为出发点。

2. 获取高质量的粉丝

在短视频运营过程中，粉丝经济扮演着非常重要的角色。粉丝经济阐释了一个道理：如果媒体平台或账号不能聚集粉丝，这个媒体平台就会逐渐失去价值。

在短视频时代，粉丝扮演着非常关键的角色，其重要性也越来越大。可以说短视频账号之间的竞争就是对粉丝的竞争。对短视频运营来说，粉丝就是财富。在这种情况下，获取高质量的粉丝就成了短视频运营的主要目标。

3．打造灵魂人物

对粉丝来说，网红、达人、意见领袖的背后是一个有血有肉的人，粉丝可以与之交流、互动。

一个人只有被另一个人某方面的特质吸引，才有可能成为这个人的粉丝。所以短视频要想吸引、积聚粉丝，就要打造一个吸引用户关注的灵魂人物，进而将关注者发展为粉丝。

4．内容思维

短视频要想吸引更多粉丝关注，扩大粉丝群体，就必须为粉丝提供有价值的内容。新媒体平台要想积聚更多的粉丝也要引进优质的作者，生产优质的内容。内容永远都是传播延展度的前提，持续稳定地输出内容是媒体传播破冰和持续提升影响力的核心。

5．把受众当作顾客

受众与顾客最简单的区别就在于，受众不需要维系关系，顾客则需要维系关系。如果运营者想通过短视频变现，就必须将受众视为顾客并维护好关系。

6．打造多元化的媒体传播渠道

短视频要想获取大量粉丝就必须打造多元化的价值传播渠道，只有这样才能提升短视频的粉丝活跃度。短视频运营存在着这样一种规律，运营之初粉丝异常活跃，随着时间的推移，粉丝的活跃度会逐渐下降。短视频要想保持自己的粉丝活跃度，就需要每天增加新粉丝，打造多元的媒体传播渠道。

7．重视人际关系链的传播

受短视频人际关系链传播的影响，传统媒体的传播模式被颠覆，每个粉丝都成为传播载体，粉丝既担任观众又担任内容传播者，这样一来，传播的影响力就会被放大。

未来企业的媒体传播渠道、获客通道都会向短视频转移。在这种情况下，谁能做好短视频运营，谁就能获得更多商机。如今，受移动互联网的影响，整个商业格局已改变。随着智能手机的普及应用，消费者的购物习惯早已改变，所有商业模式都会围绕消费者使用习惯的转变而进行迭代升级。

注意事项

有一些观点认为不存在“养号”这个环节。但是创作者所说的“养号”是一个过渡阶段，是在注册起号后的细分阶段，大概也就是一周的时间，主要是让平台大数据明确账号的定位，诱导大数据精准地进行推送和分类。

→ 图3-2　以周为单位，定期查看抖音排行榜，可以观察同类账号的内容变化，以及其他赛道账号的优势内容

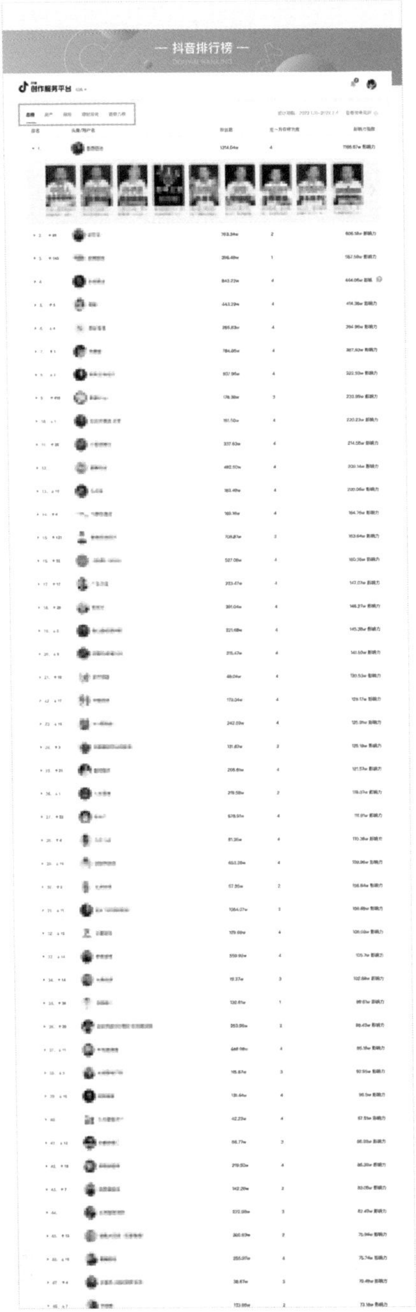

— 抖音排行榜 —

创作服务平台

← 图3-3　在大项分类中还有更加垂直的细分项目，查阅非常方便所以在注册账号后，需要把头像、年龄、地区、个性签名等都设置好，这样可以快速明确身份，然后通过完整观看、点赞、留言等方式让大数据明确账号运营者的喜好。其中有非常重要的一项，要关注同类账号，这会让信息分类更加精准。

新号每天都要有发布，但并不是每天都发送过多的视频内容，单日最多发送两条即可。账号千万不要断更，这会影响账号活跃度。如果单条视频的播放量在500以上，这种情况一周发1次即可。

常用技巧

（1）给账号添加个性化标签。

在新媒体时代，“标签化”是一个人的个性化表达，代表着其独特而鲜明的价值主张。它能聚集价值观相近的人，从而产生更多的社交连接。因此后续一定不要将个性化标签改来改去，因为它是整体策划的一部分。

（2）跟热点。运营人员要理智、巧妙地抓热点，等待爆款视频的出现。对那些与负面新闻有关的热点要尽量不跟，以免使品牌形象受到不良的影响。

→ 图3-4 “创意洞察”页面与“热搜”类似，可以提供很多有热点热度的话题，使用它是运营者“蹭热点”的好办法

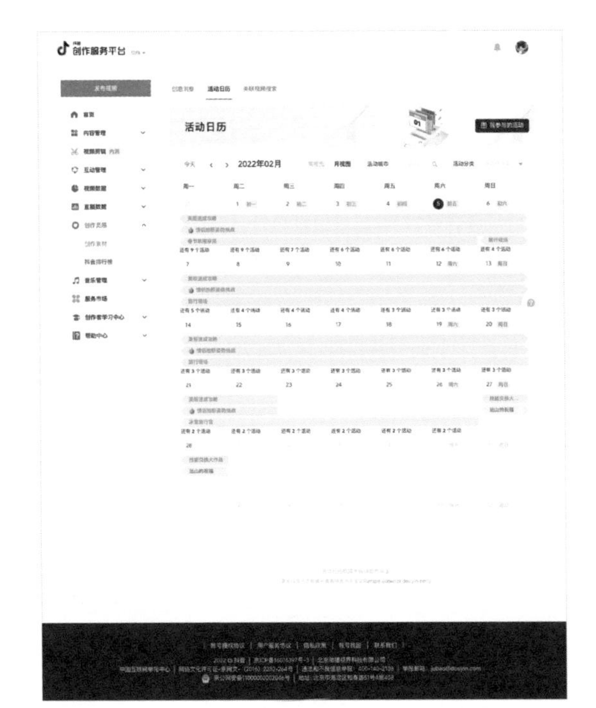

← 图3-5 “活动日历”可以快速查看流量活动，参与这类活动可以在短时间内得到大量的流量扶持，是通过指定内容换取流量的好方法

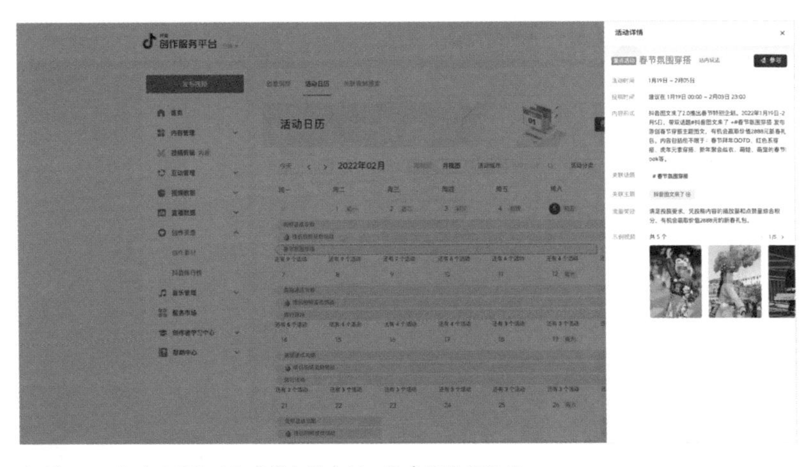

↑ 图3-6 针对不同活动都有详细的介绍，按步骤执行即可

（3）跨界合作。互粉、回关、与相关行业交换资源。

（4）熟悉菜单功能。菜单各个项目就是运营工具，对短视频运营人员来说，熟悉自己的产品内容与平台功能是最基本的工作。如果运营人员不熟悉自己的产品内容，就无法向他人介绍自己的产品。如果运营人员不熟悉抖音、快手的功能，就无法引导粉丝关注自己。

→ 图3-7 “关联视频搜索”可以按行业内容进行相关视频的查看，从内容到拍摄形式都可以得到有针对性的借鉴

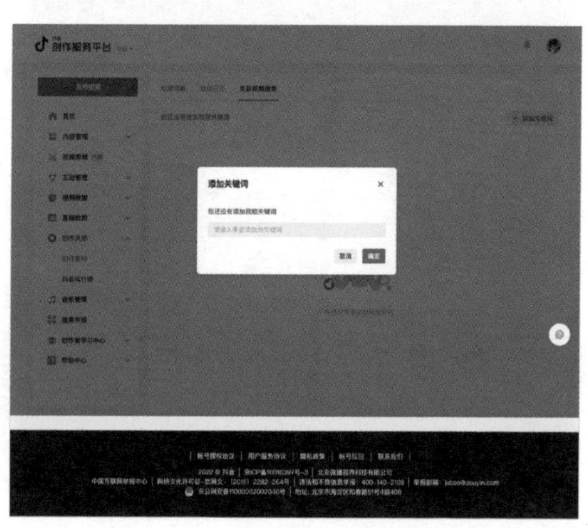

→ 图3-8 选择关键词键入

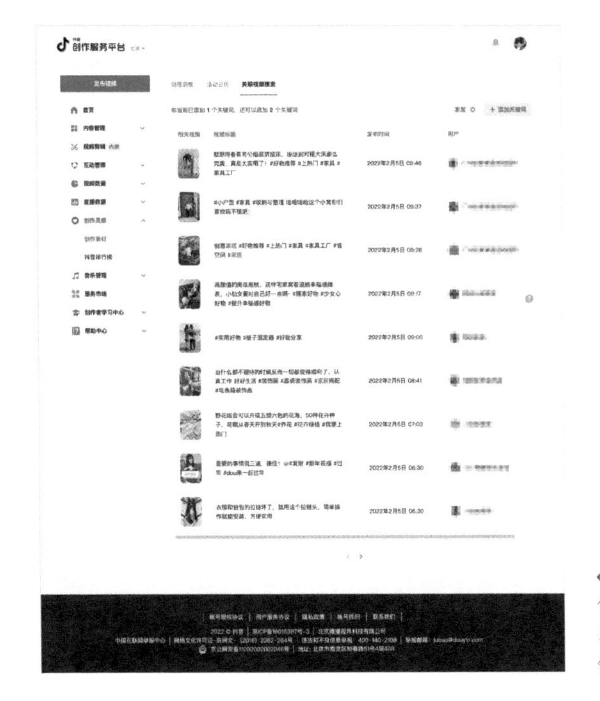

← 图3-9　以“家居”为例，搜索出同类内容，使用时可以同时设置三个关键词，确保结果精准

3-2 内容策划

以变现为目的的短视频内容策划，可以看作为营销策划，而内容是营销策划中的重要元素。刚开始创作者可以选择自己喜欢的内容练练手，比如穿搭、旅行、美食、汽车等，无论是否具有营销的目的，至少要好看好玩，因为创作者是在短视频平台上进行内容创作，好的内容才有好的变现机会。

常规操作

对于内容的常规操作可以放在时间和空间上来展开策划。

时间：从公历和农历出发，每个月都有相应的节日主题，这些都会成为当天的热门话题，创作者策划内容的前提就是找到热点话题。很多热点话题都是突发的，蕴含在社会事件之中无法找到踪迹，也无法预测。为什么会说“蹭热点”，因为只有热度出现了才能追赶热门话题进行创作，创作者的能量往往不足以制造热点。

节日和纪念日则是提前规定好的，是一定会出现的话题，围绕这类话题策划可以作为创作者的常规操作，是可以提前准备的。比如“双11”就是一个很好的例子，众商家为了找话题而设置话题，这个话题被设置为一个节日，无数商家共同行动。所以淘宝“双11”的厉害之处就在于此，他们在创造热搜机会。

除此之外，体育比赛、电影节、高考等都是可以使用在话题策划中的时间锚点，围绕这些点展开话题营销，最起码可以罗列出一年的工作框架。

空间：创作者可以把它说成场景。例如最适合宴会穿着的服装，最适合去草原越野的汽车，来到海南必点的一道菜。这些都是按场景需求来设置的话题，也为创作者的内容策划提供了一个思路。在空间话题中同城号是一个非常大的分类，类似大众点评、美团的同城、周边话题。以抖音为例，抖音的同城内容也具有消费属性和社交属性。基于空间设置的话题可以在发布时打上明确的地点。

“空间+衣食住行”的细分有很大的变现空间，在话题的选择上往大做是做粉丝基数和高流量，往周边做则是打造精准粉丝和有效流量，这个需要结合不同的搭配来使用。

↑ 图3-10　可以使用“服务市场”中的内容策划和撰写工具

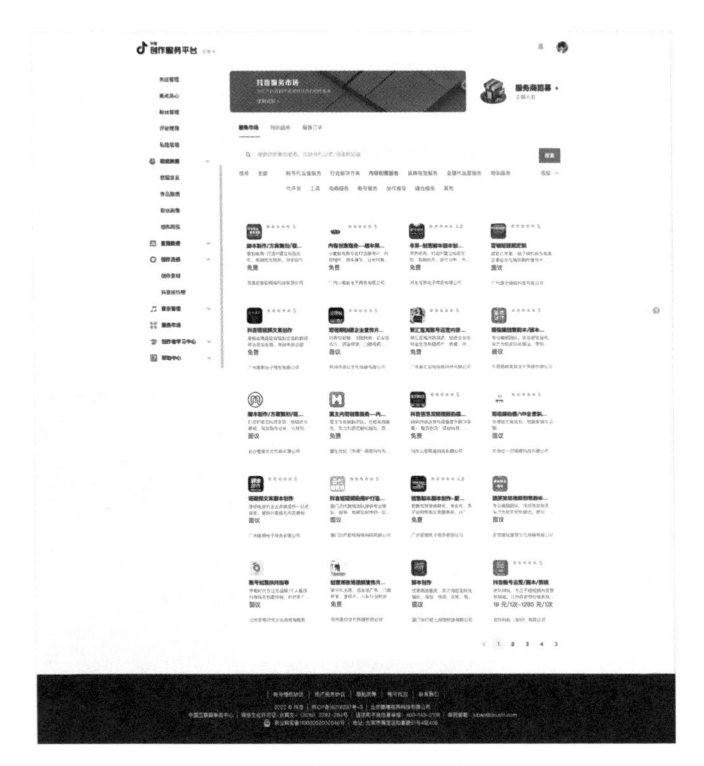

↑ 图3-11　在“服务市场”中选择“内容创意服务”

↑ 图3-12　针对内容创作还可以选择“创作指导”

热搜：在国内，微博热搜一直是评价话题热度的标准。如果说短视频时代“两微”平台留存的意义，那么微博无疑就是热搜，微信无疑就是社交。但是抖音的热搜大有超越的态势，而且抖音也具有和微信一样的即时通信功能，这个之后再谈。

热搜话题是策划内容时非常具有参考价值的工具。创作者经营账号内容时，应该时刻关注热搜，发现热门话题后立刻进行策划和内容产出。

→ 图3-13　观察“微博热搜”是一个非常重要的了解热门话题进行内容策划的习惯

搜索：在短视频平台上使用搜索功能，搜索选择的赛道关键词，比如美食、母婴等，你做哪个类型的内容，就搜索相应的分类关键词，就会跳出很多同领域同赛道的优秀账号。观看高播放量和高点赞量的视频，找到他们的策划点。

→ 图3-14　在抖音中点击“搜索”图标可以查看“抖音热榜”

话题功能：创作者经常看到某个关键词前有“#”字的标注，例如，#新媒体传播，就是以新媒体传播为关键词的话题功能集合。关键词和热词都能形成话题功能，创作者可以把它们理解成装有同样内容的文件夹，内容越多则证明此类内容的传播性和关注度越广，越容易获得流量。

策划内容可以从话题中选取，也可以策划后归类绑定到话题功能中，这是内容策划和内容运营都需要关注的方式。

在“#”的使用中也有小技巧，创作者可以把它分为领域话题、内容话题、热门话题、自建话题等几方面。通过话题组合可以从大到小，从主观到客观地抓取和梳理流量。比如，#短视频、#流量、#流量获取技巧、#短的短视频。如果说明文字字数受限，那么创作者可以优先添加内容话题和领域话题。新账号在养号阶段，内容话题权重最大，领域话题次之，自建话题再次，热点话题最小。

↑ 图3-15 在抖音搜索框中输入“家居”，搜索相关话题

关注推荐：关注到同领域优秀的账号之后，会有关注推荐功能，和此类账号领域一致的优秀账号都会被推荐出来，这往往都是相关领域的头部账号。仔细观看和划分他们的内容，对创作者自己账号的运营和管理将很有帮助。

策划工具

创作灵感：搜索创作灵感，找到里面的热点话题，这个功能把分类功能进行了汇总，话题热度非常高，还可以选择相关用户，找到同领域的竞品内容。

拍同款：以抖音为例，关注高流量内容，可以选择拍同款工具，进行模仿创作。这是抖音运营的涨粉技巧之一。

巨量算数：以抖音为例，通过巨量算数平台的搜索可以找到行业内的热词。这些热词可能会比较抽象，但是它们是被巨量算数在

↑ 图3-16　搜索创作灵感，找到热门内容、话题和活动

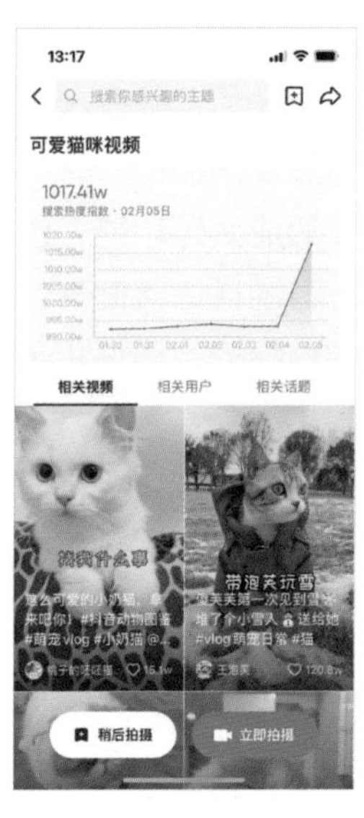

↑ 图3-17　搜索感兴趣的主题

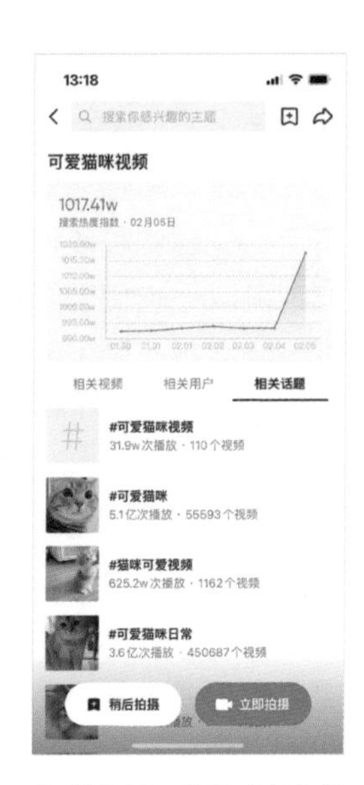

↑ 图3-18　选择“相关话题”内容，选择播放量大的内容

↑ 图3-19　点击“立即参与”，加入话题拍摄，这是非模板类的制作，但是内容可以参考

↑ 图3-20　听到好听的歌曲，也可以找到歌曲页面，点击“拍同款”直接进行同款拍摄

↑ 图3-21　如果喜欢的短视频内容使用了道具功能，也可以点击相关道具标签，进入道具页面

万千个视频中总结出来的。只需要提取相应的热词去相关平台进行搜索，有这些热词属性的内容和账号就出现了。

以上在暂且不考虑原创性的前提下，竞品账号的内容和运营方式都值得新创立账号借鉴和学习。找到对标账号就如同找到明确的方向，先求同，再存异，这是提升内容策划能力的好方法。

↑ 图3-22　直接点击“拍同款”即可

↑ 图3-23　使用“巨量算数”搜索热点关键词

3-3 推荐机制

标签属性

粉丝标签和账号属性在抖音推荐机制里是非常基础、也非常核心的数据。当创作者了解清楚粉丝标签和账号属性的具体原理之后，再根据创作内容，去迎合推荐机制，就能获得不错的流量。

接下来以抖音为例详细看一下人群标签机制。何为抖音人群标签机制呢？类比淘宝，淘宝上面有个推荐机制叫“千人千面”，即，为每个人所推荐的内容都是不一样的。抖音的人群标签机制和淘宝的“千人千面”机制非常相似，都是根据用户的不同情况来给推荐不同的视频。标签是用来匹配用户的，只有围绕标签做明确的内容策划才可以在庞大的平台上得到有效的反馈，否则短视频就是泥牛入海难觅踪迹。

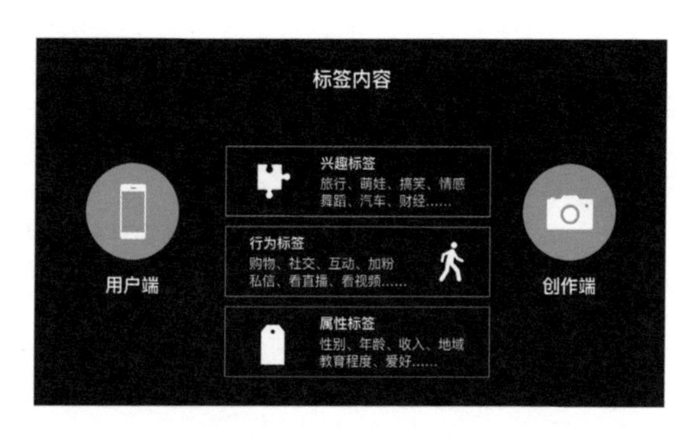

→ 图3-24 标签内容

（1）兴趣标签

兴趣标签就是用户喜欢什么，比如舞蹈、美妆、萌宠等。很多人喜欢搞笑，男人往往喜欢军事、历史，这都是标签。很多人会停留在这个层面，但是在有的直播间还有更细分的标签。理解了标签逻辑，做账号运营的时候，才能清楚应该干什么。

（2）行为标签

行为标签就是指用户点赞、互动、加粉、点购物车、看视频、看直播等行为。

（3）属性标签

属性标签就是指性别、年龄段、消费能力、地域、文化程度等。刚建立的账号就如同新生的婴儿，是没有办法调用社会资源的，账号在初创期的流量几乎为零。类似于人的成长，人类可以通过不同的成长方式得到社会的反馈与认可，账号也一样，通过观看、社交方式来明确账号属性，平台大数据就会推送相匹配的内容，根据内容去完成关注和回复等更高层级的工作，那么就会形成小的社群。账号间的亲密度和关联性是可以互相佐证的，相当于一个证据链条，证明你的确是这个圈子里的，这一切都是创作者迎合标签操作的结果。

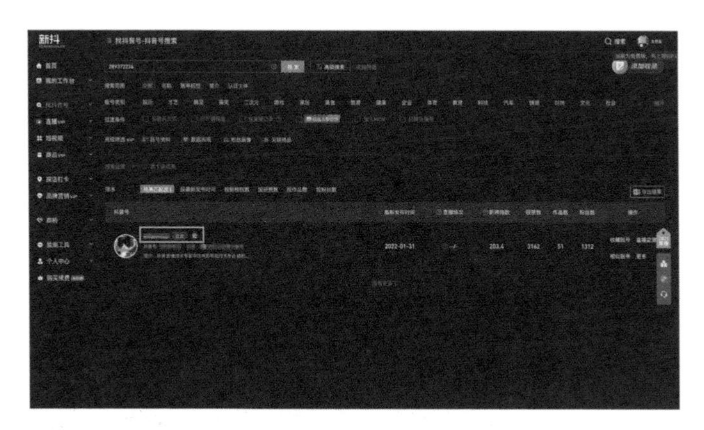

↑ 图3-25 使用运营数据网站查看账号标签属性

标签只是标志，它可以吸引到粉丝，但是并不一定精准，只负责粗筛，通过筛选而不断强化出的属性则是重要的参数。账号属性越明显，垂直度越高，粉丝越精准。

推荐机制

短视频平台内容的推荐机制是“千人千面”的个性化推荐。例如创作者之前已经使用并了解的淘宝的“千人千面”，就属于个性化推荐。这种推荐机制在各种自媒体、短视频平台中的运用是非常广泛的。

平台的核心推荐机制都是大同小异的。首先要判断一下内容的形式到底是文章还是视频，通过内容审核之后就会开始计算数据。平台在内容刚发布时会尝试性地推荐一定的基础量，如果点击率和观看完成率等数据达到了推荐值，将会再进行新一轮更大范围的推荐，推荐给更多的标签用户。如果后续推荐达不到相应的推荐值，那么整个推荐过程就结束了。

虽然说推荐机制核心都是一样的，但是具体的推荐手段却是略有差别，差异主要是由于各平台内容特点的差异而形成的。比如今日头条、抖音、火山小视频、一点资讯、企业号、大于号、百家号、豆瓣等都属于个性化推荐网站，但是他们的内容形式从社交、图文到视频各不相同，如果用同一种推送方式和推荐机制显然是不可能的。

抖音平台

下面详细解说一下抖音推荐机制到底是怎么运作的，它的推荐标准到底如何?

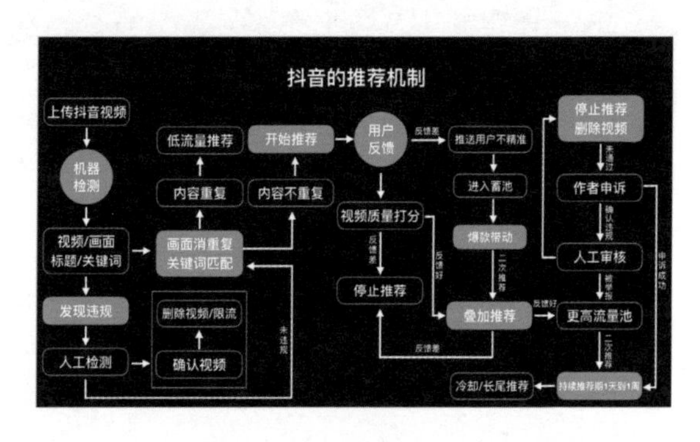

→ 图3-26 抖音推荐机制

首先看一下账号属性定位阶段。何为账号属性定位阶段呢? 创作者在没有发布任何视频，或者没有任何粉丝的时候，平台系统是不知道创作者的账号属性的。

平台系统会通过发布视频之后的第一步推荐来判定。当创作者发布了美食的内容，系统会推荐给200人左右的基础用户去浏览，比如200人里有10个喜欢美食类的，他们会给视频进行点赞、评论，那么系统就会根据他们的行为来判定账号属性是属于美食类的。喜欢穿搭类话题的人群并没有对视频做任何动作，那么穿搭类内容也就被排除了。

点赞量和互动量如果大于6%，就能通过第一步的推荐。通过了第一步推荐之后，内容就会面向更大的流量池，而且后续推荐的粉丝是精准度比较高的。所以点赞量和互动量在运营过程中是非常重要的指标。

如果发布视频之后没有获得预期的播放数据，那么把它删掉再发一遍，这也是有平台依据的，算是一个操作技巧。因为发文之后系统会推荐给200人左右的一般人群，随机的推荐导致人群千变万化，尝试调整受众人群就是在试错。而在相对精准的那些粉丝的阅读量数据中，创作者只需要保证不低于5%的点赞量，就一定可以获得下一步的推荐。

什么是积累粉丝之后的推荐机制呢？首先，当创作者有粉丝后，第一步推荐的目标人群就是粉丝；第二步推荐给潜在的关注人群；第三步推荐给一般人群。

完整的热门视频点赞数据，要求当创作者在制作和发布视频的时候，首先要判断自己的账号属性和运营阶段，判断是属于账号属性的定位阶段还是寻求爆发的阶段。不同的阶段，推荐方式和推荐机制都是略微不同的。

比如当创作者的账号属于定位阶段的时候，创作者就暂时不需要考虑以上第三步一般人群的点赞量了。只需要考虑创作者的内容如何做到足够精准，足够吸引到创作者的目标人群，突破第一步推荐的限制，达到第二步的后续推荐即可。

创作者在账号运营和视频发布的过程中，要时刻注意每个阶段制作的内容能尽量迎合平台推荐机制，以完成视频内容的流量大爆发。

3-4 增加互动

以手机为载体的媒体呈现形式都有一个共同规律，那就是只要可以引导手指运动的内容就是成功的内容。这话看起来有些抽象不具体，以下我们走近产品来谈一谈互动引导。

页面互动

为什么现在才带大家了解短视频的页面设计，因为如果没有运营观念，创作者看到的页面无非就是个页面，上面有一些功能符号而已，创作者只需进行拇指操作即可。但是如果创作者已经熟悉并了解了短视频的运营逻辑，那么再来看页面的时候，就会发现这里蕴藏的都是运营的工具。

UI设计和用户互动可以让这些按钮成为不同决策和权重的锚点。页面的按钮也在和手指发生互动，这在行为上是非常神奇的，创作者不妨关注我们的手指，在观看短视频时，它是如何同内容互动配合的。

就动作而言，所谓的互动其实就是手指同手机屏幕的摩擦，那是什么原因驱使你这么做呢？

用户的动作可是非常珍贵的，如果不是好的内容再怎么引导他们做出反馈，他们也都“懒得动”手指呢。

因此，在互动设计上，越靠近屏幕上方的按键越容易被设置为滑动功能，越靠近屏幕下方的按键越容易被点按。滑动代表了选择，而点按则代表着确认。

以抖音的页面为例，它的右侧部分的按键分别是头像（关注）、赞、留言、收藏、转发。现在回到创作者的运营原理中，还记得之前创作者反复强调的权重关系吗？这些按键所对应的其实就是对于流量的认可度，每次点按都是一次权重的提升。

从结果导向出发，“关注”按键放在首位其实是利用行为逻辑的惯性帮助账号更容易得到粉丝。无论是由于看到优质内容的兴奋，还是误操作，总之粉丝的数量如果需要增加，那么就都由这个直接通道来一键解决。

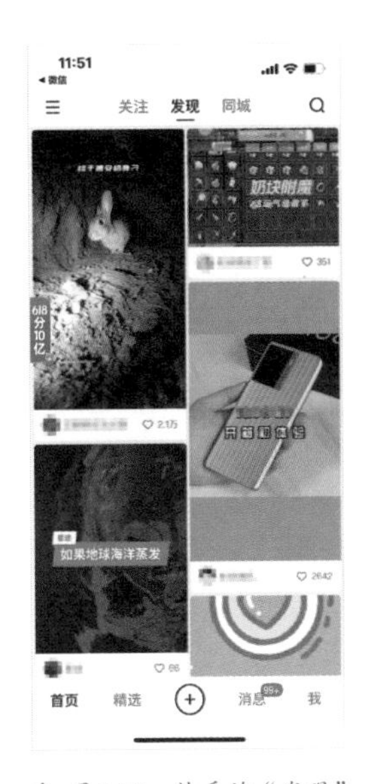

↑ 图3-27　快手的“发现”页面，瀑布流形式对于内容呈现效率和用户选择方式是有好处的

↑ 图3-28　快手页面，请观察按钮位置

↑ 图3-29　快手账号内容检索功能

↑ 图3-30　小红书页面，请观察按钮位置

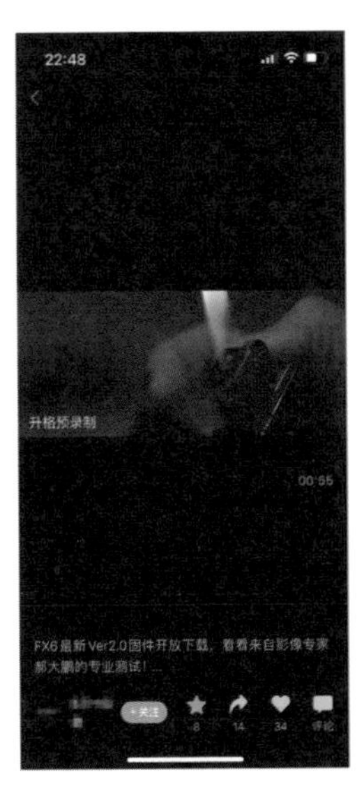

↑ 图3-31　微信视频号页面，请观察按钮位置

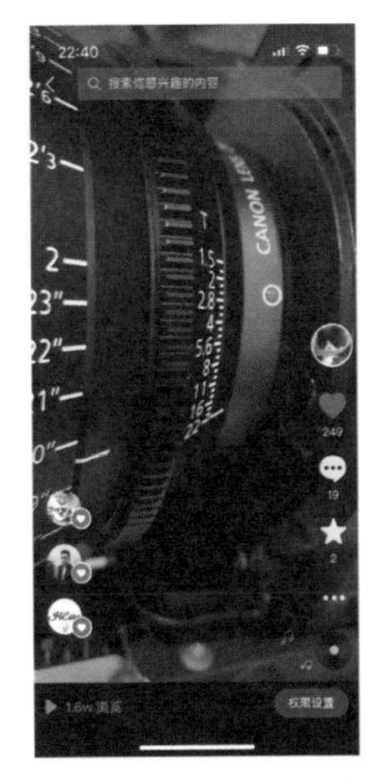

↑ 图3-32　抖音页面，请观察按钮位置

从互动的权重关系出发，用户接触到一条短视频后无非将会做出以下几种选择：

1. 无感，手指滑动进入下一条；
2. 喜欢，全程观看后手指滑动进入下一条；
3. 点赞，表示对内容的肯定；
4. 留言，表示对内容的评价，互动意愿升级；
5. 收藏，表示对内容价值的认可，留存；
6. 转发，表示对内容话题的认可，裂变。

从手指动作和按键的互动，创作者就可以了解到短视频平台的评价体系和流量权重，这即是从抽象思路到具象页面的体现。正因为创作者现在的思考方式已经是运营型的思维方式，所以再看这个页面就会感觉它并不简单，并不是随意之举，相反这里面蕴藏着巨大的能量。

引导完播

在权重中完播率是最基础的参数之一。短视频引起观看动作，拇指决定何时跳出。所以在完成完播这个动作之前，创作者需要时刻用画面内容和话术来引导观众观看，拒绝拇指动作。

1. 短

一再强调短的短视频。短视频的优势就是短，短也可以很好地规避长时间观看的跳出问题，即，短更容易完播。使用手机观看视频，面对短视频的画面好似与人近身肉搏，长枪长矛都没有用，匕首才是王道，正所谓一寸短一寸强。

2. 引

引导，诱导用户看到最后，这可以通过话术和文字来体现需求。比如主播经常会说，“视频里提及的关键词，我会整理好打在最后的静止画面上。”这看似是贴心的服务，其实更是引导观看完播的手段。或者在文字导语中写有“大反转，一定要看到最后”，也是同样的办法。

引导留言

引导用户留言其实就是研究观众的心理，除了将视频内容做好之外，仍需要为用户留一些可以互动的入口。比如在话术上可以说，“除了我举的这几个例子，你还知道哪些？请留言告诉我。”这是明确的引导和驱使。真正在互动中有效的逻辑是围绕着“杠”和“槽”这两个字展开的。首先创作者不要认为负面留言就是不好的，只要有留言就代表着短视频内容已经得到了用户的评价，不过是有正面和负面之分，而负面的评价反倒更容易驱使用户产生互动。

这里所说的负面并不是指拍摄粗制滥造的视频，而是通过“杠”来引起的争论，是可立刻见效而且长期有效的评论的源头，是有来有往的辩论。经常会听到短视频中有主播说“不服来辩”，这就是引导留言的话术，直接并且有效。

另外对于“槽”所代表的槽点和吐槽，在思路上也是类似的。要想有评论就必须有话头作为引子，因此在话题上可以寻找有槽点的内容，或者在内容策划上主动设置一些“瑕疵”，抛砖引玉。

引导话术

使用话术在内容运营中非常有效，但是很多人不愿使用，感觉太套路了。可是创作者要明白，套路是有效经验的总结，如同象棋和围棋里的定式，话术是劳动人民智慧的结晶，如果无效就不会形成传播度，话术是经过大量视频内容验证过的经验。

经常可以听到主播说：“内容太长需要耐心看完，建议大家先点赞、收藏，之后可以反复观看。”这句话就很厉害，它直指短视频的核心数据指标，甚至在影片刚刚开始，尚未完播之前就明示用户要点赞、收藏了。

以上这些话术也需要字幕形成配合，即主播没有说，也可以在屏幕上出现类似“双击加关注”的文字内容。这样的操作指向点赞量和粉丝量，依然可以通过互动产生大量的数据流量。

话术五花八门，这里就不一一举例了，有了话术这个思维，大家在看短视频时就可以了解到类似账号的运营方法了。所谓外行看热闹，内行看门道，创作者如果能带着问题去看短视频，那么很多困扰大家的问题，往往很快就迎刃而解了。

3-5 粉丝获取

账号运营的核心就是获取粉丝，这是由账号形式直接推导出的数据表现。也许大家会说，为什么有时说粉丝数据是重要的，有时候又说粉丝数据不重要，或者说精准粉丝是重要的，而不产生购买的粉丝是不重要的。

这里需要明确讨论的前提是，应辩证地看待粉丝数据。从流量的角度来看，粉丝数据是重要且必需的；从变现角度来看，精准粉丝的数据才是有价值的。获得精准粉丝如同捕鱼，创作者需要有一片海，而这片海则是要通过不断地发布内容来获得的，因此创作者首先需要找到这片海。

粉丝属性

创作者运营的各种自媒体短视频账号，包括抖音或者其他的自媒体视频账号，目的都是为了获取粉丝，打通和找到稳定长期且免费获得粉丝的途径。当创作者有了粉丝之后，可以引流到淘宝或者其他电商平台去变现，抑或是引流到微信里形成私域流量变现，最终成为超级粉丝形态。超级粉丝形态可以自生长，促进私域经济进一步发展，积极引导私域品牌的传播，以及购买意向的反复达成，反馈意见并自发控制舆情，吸引更多人加入。以抖音为例，首先，抖音的推荐机制决定了粉丝人群的观看质量，这也是随后产生爆款视频的关键。所以在制作内容的时候，首先要确定自己想要哪一类的粉丝，他们的属性和标签是什么？

所有内容策划和运营的目的就是迎合这些粉丝，按他们的属性标签来进行策划。策划之所以有这个环节就是要放大“先想后做”这个过程。很多人认为先把账号做起来，有没有粉丝还不一定呢，没有必要想那么多。其实只要你的目标明确，那么起号和获得一定数

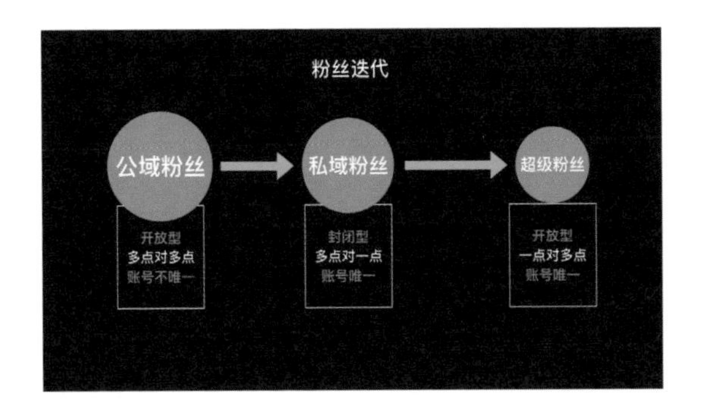

图 3-33 粉丝迭代

量的粉丝是非常容易的，这个无需妄自菲薄。策划的目的是为了能使每一步劳动都发挥最大化价值，而不是在无谓地试错。短视频等媒体形式发展迭代得越来越快，人力、物力投入的成本本身就是有价值的，而且时间成本更是无价的，机会成本巨大。

切忌中途修改账号的属性、变换类目或变化目标，这样不仅无法保证粉丝数的增加，也许还会造成已有粉丝的流失。内容垂直度无法达成，属性模糊会让账号标签不明确，影响账号的权重，平台进行推送时也将无法触及到目标人群，最终造成的结果就是播放量上涨停滞。

另外，有人会打购买粉丝、刷粉的主意，这也是大错特错的。首先不说平台对于这类行为发现后的惩罚措施，仅说粉丝质量就不过关，这样无非是有了数据，但是无法运营。以抖音为例，实现很多功能开启的最低粉丝数是1000人，这个目标是很好达到的，完全没有必要使用其他手段来获得。

粉赞比例

粉赞比就是粉丝数和点赞数的比值。粉赞比也叫关注率，反映的是视频在感兴趣的用户中的关注转化率。粉赞比越大，代表对应账号的吸粉能力越强。

还可以观察一下粉赞比低的现象，要么是作为分子数的粉丝数数值小；要么是作为分母数的点赞数数值大。造成粉赞比低的原因是视频内容有用户观看点赞，但是没有将用户转化成粉丝。

引导加粉

引导加关注是直接加粉的手段。首先要做到每条短视频都有引导加关注的字幕，这非常重要，坚持一段时间就可以看到成效。用户是客人，他们是需要主人主动邀请的。

在内容设计上，要给粉丝关注你的理由，加关注成为粉丝后可以得到什么？折扣、技能、倾诉、释放、回馈等，要将明确的心理预期给到用户。

设置串联内容，如同评书中的“扣子”，且听下回分解，这样“加关注不迷路”，是顺理成章的。还记得动作理论吗？创作者需要引导拇指的动作。

除此之外，还可以增加视频的内容价值。有一种内容类型叫作“收藏了”，这类内容看上去真的有用，而且也满足用户的收藏心理，往往是生活技巧类的内容，例如：街拍的7种构图法、这样选房贷更省钱等。这类视频需要连续发布，并在视频中设置加关注的口播或字幕，为用户营造这是一个“宝藏号”的印象，加关注也就顺理成章了。

总之，主动引导加关注是最直接有效的，在策划和内容制作工作中，一定要把账号的数据诉求当作关键要务来看。策划和内容制作的目的就是达成核心数据，对核心数据达成有帮助的内容和策划才是有价值的工作，其余都是无效的。

3-6 策划文案

短视频只是形式，它的骨架是选题和文案，这样撑起的内容架构才可以给账号明确的调性，并且满足创作者增加粉丝、精准变现的目标。以抖音为例，它的用户已经突破6亿，面对这个庞大的数字，创作者可以尽可能地选择受众面宽广的话题。但有时创作者也会无奈，可能定位的赛道或者资源指向都是小众的，不过在这里不需要担心，即使垂直类属性较强的行业粉丝所占比重较小，但是在庞大的平台流量面前，依然可以获取很多的实际人群。这也是短视频平台大众化的表现。

小众门类的产品，被盲目短视频化的机率较低，对窄众赛道的创作者，这也是局部以多胜少的机会。如果创作者做好策划和文案，在拍摄短视频时体现出更强的专业性，那么小众门类依然充满着机会。但是创作者必须要以一个大众化的视野切入选题。

越垂直的领域越具有专业性，但是对于大众传播，创作者一般并不需要科学和专业，而是需要科普，就是用最简单易懂的方式来解释并推广专业事物。把专业的内容说得通俗易懂是一种能力，也是专业内容博取流量的不二法门。

选题策划

在制作短视频的过程中，选题策划是非常重要的工作，起码占有60%的权重。好的选题是成功的一半，后续工作才是撰稿、拍摄、剪辑，这些都是加分项，做得好了可以得高分，但是如果选题有误，那么后续的工作都是徒劳，不会改变播放量低的命运。

1. 搜

可以使用搜索功能来测试选题好坏，输入选题关键词看看是否有相同的选题。首先可以借鉴别人是怎么做的，和主创的想法是否有出入，有哪些优点需要借鉴，有哪些缺点需要改善。

如果发现选题没有人做过，那么需要思考：这可能是爆款视频的基因，需要仔细延展内容，抓住这个机会；是不是错误选题和方向，内容是否太过小众，是别人不屑于做的内容；选题内容是不是禁忌话题，不符合平台审查规则，所以类似内容被拦截。

方方面面都需要仔细思考到位，要相信

↑ 图3-34　本书会多次提到搜索，这里可以看一下使用“巨量创意”来搜选题的方法

再冷僻的内容都会有相应的受众，因为世界之大无奇不有。但是要考虑这种选题内容是否离创作者的变现目标会略远。有些选题对于拓宽知识边界可能有效，但是却不会有变现的可能。

2．广

尽量找到最大公约数。在6亿用户的平台，话题转化的百分比越高，得到的粉丝数和流量就越多。大众类话题的赛道就先天比小众类话题有优势。但是大众类的竞争账号也多，是更加激烈的红海市场。

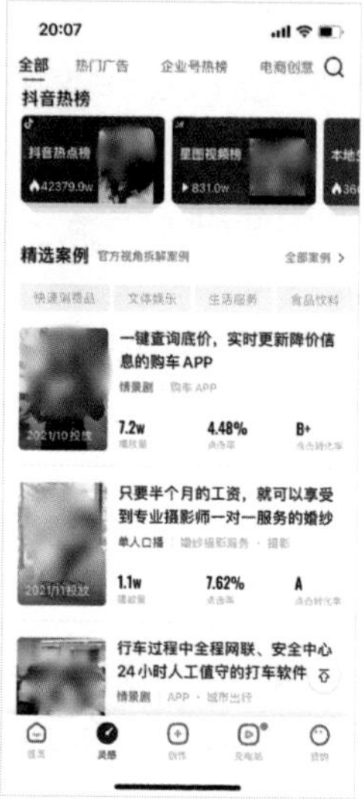

根据平台系统分发的算法原则，如果很多用户刷到你的短视频，看一眼就觉得你的话题太小众了、听不懂、跟他没关系，他不感兴趣，他立刻就会划走，那么这时系统就判定创作者的内容质量并不优质，账号就很难获取到比较大的流量，视频也就无法触达那一部分小众且精准的人群。因此哪怕你讲的是相对比较小众的内容，你也要从大众化的视野去切入。

↑ 图3-35 选择相关行业，可以搜索出很多精选内容以供参考

3．短

短的短视频，是本书的核心。时长短，开篇短，立刻抓住用户，在选题上要精炼，不做乏味冗长的长视频。往往视频做得越长，播放量越低，视频做得越短，观众就会越多。

很基本的逻辑即是，如果内容在30秒之内能够讲清楚，在用户眼里它就是简单、易学、易用的；如果视频时长超过30秒，在用户眼中即代表听不懂、学不会、用不了，那么这条视频的内容就跟他没关系了，随之用户就会认为无法从中获得对应的价值，从而互动数据会受到影响，流量最终也会受到影响。

4．泛

内容垂直细分则具有划分精准人群的能力，但是靶向的面积不够大。在选题确定之后，可以针对专业话题来进行一个模糊处理，看看是否可以换角度或者表述方式来尽量增加受众人数。

另外，通过内容宽泛的延展，可以让选题针对竞品形成差异化优势。但是一定要绑定主题再思考，不要因为追求宽泛而造成账号标签的模糊化。

文案技巧

文案是选题的落地形式。创作者往往会提到内容要有干货，什么是干货？干货其实就是价值传递，有用、有情、有理、有趣，这些都是价值传递。这是一道食材满满的菜，而色香味和摆盘点缀则是与人设和表述有关联的。其中还有话术设计和字幕呈现，除了更加方便让用户看懂内容，依然需要引导加粉并增强用户黏性。

记叙文写作包括时间+地点+人物+事件，由此可延伸至短视频的方案创作——时间+场景+人物+道具+台词+动作，从这6个方面来拆解和细化选题，对短视频视频的制作都是有帮助的。

以女装为例，在选题策划和撰写文案的阶段需要明确以下内容。

时间：春夏秋冬？什么季节穿着的女装？

场景：室内？室外？居家？旅行？什么场景下的穿着？

道具：服装。是否还有其他配色？是否还有其他材质？

人物：适用人群是年轻女性、中老年人、专业运动员还是业余爱好者？

台词：表现服装的品质？价格？剪裁？功能性？

动作：静态展示？动态展示？全身？特写？面料特写？吊牌特写？

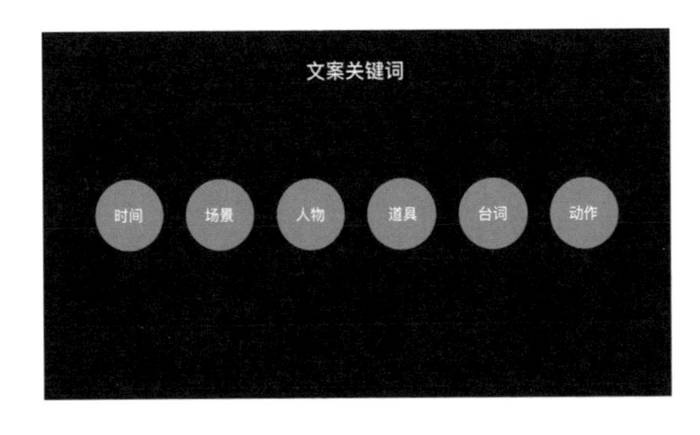

← 图3-36 文案关键词

经过这6个节点的拆分，产品功能特点和内容表述就如同做填空题一般，创作者的撰稿工作便简单且容易执行，并且可以突出单集短视频的内容诉求。

如果这件衣服是一件女式冲锋衣呢？回归到6个节点的方法中，它的内容关注点和撰稿文案的关键词应该如下所示。

时间：冬季、秋冬或者冬春场景；场景：室外、旅行、滑雪场、森林公园等；道具：冲锋衣、滑雪板、背包、手杖等；台词：冲锋衣的品质、功能性、价格、剪裁（每集各展示一个点即可）；动作：全+场景、细节+防水设计、拉开拉链+双层拉链设计等；人物：性别、年纪（大概）、爱好等。

通过6个关键词的梳理，内容、人物、台词、动作，包括拍摄的场景选择和道具规划都已经落实得很详细了，避免了因反复纠结而浪费时间，或者因为找不到思路而浪费时间。

如果创作者的账号是以为健身房引流为目的而创立的，或者创作者要宣传的产品是儿童水彩笔，或者创作者的工作是推广线上法语培训课，创作者应该怎么使用这6个词来拆解呢？不妨做个思考，简单地写在下面试试看。把思考的问题写下来，其实已经成功了一半。

3-7 粉丝人群

大家总是在谈论爆款，或者如何完善创作者的抖音账号，总是期待爆款可以让账号变得更有价值，但是如何来定义爆款视频呢？播放量大？点赞数高？这就是爆款视频吗？这样的视频最终会导致粉丝数顺理成章地大幅增加，还是增数寥寥呢？

创作者可以通过粉丝和爆款短视频的关系来反推数据的能量，理解这个逻辑后，那么从内容或者运营的角度来评估粉丝数据的精准度，就变得轻松简单、有的放矢了。

粉丝启动

账号的起号阶段被很多朋友称为冷启动，这时的粉丝数量和精准度都很关键。粉丝参数是账号参数的背书，平台是通过粉丝数量来判断视频质量的，并且通过粉丝的属性来明确短视频的内容属性，即，它是哪一类内容的短视频？它的粉丝性别是怎样的？平台需要通过粉丝数据形成的画像来勾勒出账号的模样。

粉丝数量越多、质量越好，那么画像就越清晰，反之就是模糊的。基本上大家都已了解了抖音的数据推荐机制，即，当你有一定的粉丝之后，抖音平台将通过其推荐机制一层一层地进行推荐筛选，这个过程要看创作者精准粉丝的表现。

粉丝的精准可以为创作者的冷启动阶段提供足够好的数据。粉丝越精准，内容垂直度越高，前期冷启动阶段的点赞量就越好，甚至能达到10%以上。这便是短视频内容优质的表现，这种方法适合推荐给绝大部分的创作者。

这时所谓的爆款只代表视频的价值，账号的粉丝积累才刚刚开始。

吸引粉丝

大量有价值的短视频发布出来，目的是增加粉丝，吸引兴趣人群。第二步是要吸引那些目标粉丝来关注，并且给短视频点赞。这样不仅可以为创作者带来大量的粉丝，而且会给创作者的视频提供非常好的数据，例如点赞量、回复数、评论数、阅读完成数等，这些都是证明账号健康的检测数据，短视频的价值逐渐地向账号价值上转移。

激活粉丝

与内容标签相匹配的人群便属于潜在人群。这类人群的基数非常大，但要触达他们则需要短视频内容的多次传播。套用物理学的角度来解释，如果想要波传播得更远，则需要更大的振幅或更高的频率，这代表着更巨大的能量。同理短视频内容若想传播更大的范围，则要成为爆款，拥有深远传播的能量。

潜在人群需要唤醒和对接，在庞大的数据海洋中，只有自身的质量足够大才可以产生这样的引力。爆款短视频无疑就是这样的存在，不一定时刻闪耀，但偶尔的闪耀也可以将光芒传递得很远，从而触达潜在人群的关注。

第 4 章

器材篇

4-1 人是核心

在前面的内容中，已经了解了一些常见的短视频类别，也明确了各类短视频的特点。优秀的短视频作品，并不是拿起器材随意拍，按下记录键就有的，同样也要思考，对于面前的人、物、事件，需要拍什么？需要怎么拍？这些问题不仅是影视专业需要研究的问题，放到短视频创作上，依然非常重要。

因为创作不可儿戏。越短其实越难。

有句话常说："工欲善其事必先利其器"，但"利其器"需要"利"到什么程度呢？同样是拍视频，专业电影团队用ARRI ALEXA XT电影摄影机，小型影视工作室用单反，日常中记录用手机也能拍。

很多用手机拍的短片，看起来也不错，也会激发观众持续观看的欲望。而不少用专业电影摄影机拍摄的电影、电视剧却评分垫底。同时，最近几年能够看到，苹果公司每年都会带来国内外大导演用iPhone拍摄的年度大片。

→ 图4-1　iPhone拍摄的短片：2021年王子逸的《阿年》、2020年西奥多·梅尔菲的《女儿》、2019年贾樟柯的《一个桶》、2018年陈可辛的《三分钟》

很明显对于影视制作而言，器材只是呈现手段，手机能拍大片，电影摄影机也可能拍出烂片来。借用摄影圈流行的一句话，"关键是镜头后面的那个头"，也就是重点在于创作者对画面、对故事的思考。

当然这不是否定了器材的重要性。器材越趁手，必然有更自由的发挥空间，拍摄的效率也能更高，这点在大型影视拍摄时是如此，对于用相机乃至手机来拍摄时亦是如此。

4-2 拍摄设备

无论你是想拍摄旅行Vlog，还是拍摄教学类视频，如果你是新手，相信在计划拍摄前，多数人都会想到一个问题——“我需要用什么设备来拍？”

手机

用手机拍摄现在早已深入人心。各厂商为了占领这个市场，也投入了不少人力物力，手机的拍摄效果也比以前发生了天翻地覆的变化。

但手机毕竟是个小巧的设备，它原本的功能也只是个通信工具，必然不可能具备与相机、摄像机完全相同的功能，所以不能完全用相机、摄像机的性能来评判手机，这是不公平的。

对于手机拍摄，最佳的播放平台或显示设备，其实就是手机。手机的屏幕小，在线播放的视频码率低，因此这个观看方式天生就有一个特点，即，对细节的要求不那么高，很多细节也会被抹平。用手机记录的素材，在手机上通过网络平台观看，其实能够满足基本的观看要求。

手机的感光元件

手机的感光元件（一般是CMOS）面积往往较小，之前一般为1/3英寸的，现在逐渐过渡到1/2英寸。由于尺寸小，所以硬件参数例如物理像素、信噪比、动态范围等会受到限制。

随着技术的进步，现在手机的拍摄分辨率轻松可达到4K，细节比2K时代丰富不少，无论是用电脑剪辑，还是用手机剪辑，直接套用App中的滤镜，再上传到网络平台，或者转发分享，画质都是非常优秀的。

手机镜头

现在大部分手机拥有多个镜头，包括有超广角、广角或长焦镜头，但它们大多是固定镜头，几个焦段之间的图像缩放是通过数码变焦来实现，这就会带来画质的损失。

如果所有画面都是广角的，整体看起来也比较枯燥，视觉冲击力不够丰富。有经验的拍摄者，会注意到这些缺陷，通过找一些角度，例如寻找背景干净的画面，或拍一些特写来突出主体。这也是在用手机拍摄时的常用技巧。

↑ 图4-2 手机的超广角、广角和长焦镜头

有厂商发现了以上两点不足，专门开发了具有光学变焦的手机和支持大倍率变焦的手机，这对用手机拍摄的缺陷有一定程度的改善。不过由于手机的感光元件小，景深、画质都不能与相机相提并论。

不过毋庸置疑的是，手机最大的特点就是方便，它几乎可以随时随地记录。对画质要求高的创作者，手机或许作为备机更加适合，而首选设备，相机则当之无愧。

↑ 图4-3 手机拍摄的画面还是广角居多。广角画面的特点之一是画面视角大，但景深很深，前景和后景同样清晰，这就不容易突出主体

微单

用相机拍视频，流行于2008年。当时佳能EOS 5D Mark II作为一款全画幅单反相机，却提供了拍摄1080P高清视频的功能。大面积的感光元件能够轻松拍摄出背景虚化的画面，浅景深画面效果能够媲美电影摄影机。于是用相机拍摄视频开始风靡。

→ 图4-4 手机拍摄时通过寻找角度突出主体

各品牌微单

佳能EOS 5D Mark II是一款单镜头反光式数码照相机，简称DSLR。现在与此类相机竞争的则是无反光镜的数码相机，也就是微单相机。

↑ 图4-5　如今的各相机厂商都在向微单市场侧重。索尼起步最早，现有的α系列市场占有率已经很大

↑ 图4-6　佳能EOS R系列微单产品

↑ 图4-7　松下S1系列微单产品

↑ 图4-8　尼康Z系列微单产品

↑ 图4-9　微单相机没有反光镜的结构，因此它的机身能够做得比单反相机更小。由于体积小、重量轻，微单在便携性上有着更大的优势

↑ 图4-10　微单和单反一样是能够更换镜头的。卸下镜头可以看到里面的感光元件。现在基本都会使用CMOS元件

微单的感光元件

相机的感光元件常被业内人士称为“底”，而通过底的大小就能够简单判断画面质量。有一句话叫作“底大为王”，说的就是感光元件的面积越大，整体画质就会越好。虽然这不是绝对的，但对于大多数情况是适用的。感光元件越大，缩放到同样分辨率时，画面的细腻程度越高，暗部的噪点越小，信噪比越高，越容易表现浅景深。

感光元件的面积被称为“画幅”，画质表现是1/2英寸 < 1英寸 < 4/3英寸 < APS < 全画幅 < 中画幅。

↑ 图4-11　4/3英寸画幅，如松下GH系列

↑ 图4-12　APS画幅，如索尼α6000系列

↑ 图4-13　全画幅，如索尼α7系列

↑ 图4-14　手机中的相机常用的是1/2英寸、1/3英寸画幅

↑ 图4-15　相机中也有用到1英寸的画幅，如索尼黑卡系列

↑ 图4-16　中画幅相机具有更大的感光元件，如飞思、富士的中画幅相机

微单镜头

另外，反光镜一般会占用机身内的大部分空间，因此单反相机的机身很难做到小巧，这也使得法兰距（镜头卡口面到感光元件的距离）不得不更长。法兰距太长，会给镜头的制造带来难度，最典型的就是最大光圈做不大。所以对于单反相机，市面上几乎找不到f/0.95光圈的镜头，但现在专用于微单的f/0.95镜头就比较容易见到了。

现在微单已经有了功能划分。以索尼为例：索尼 α 7M系列定位为入门全画幅，图片拍摄与视频拍摄比较均衡；索尼 α 7R系列定位于图片拍摄，图片的分辨率非常高，而 α 7S则偏向于视频拍摄，物理像素大，画质好，高感好。

微单的画质往往比手机好，画幅优势占了很大的因素。由于画幅大，微单更容易实现主体清晰、背景模糊的浅景深效果。同时微单相机可更换镜头，广角镜头、标准镜头、长焦镜头、微距镜头均可使用，随心所欲的景别选择和构图方式，为创作带来了更加充裕的空间。

单反

刚才提到用相机拍视频，起源于佳能EOS 5D Mark II，从此相机取代了摄像机开始视频拍摄的工作。而在工业型和设计、操作等方面进行分析来看，单反被微单完全取代也必然是大势所趋，很多主流厂商甚至已经停止单反相机的研发和生产了。从婚庆摄像、Vlog、纪录片，甚至电影，都可以发现微单的身影。相比单反，微单虽然曾经存在液晶屏显示延迟，电池掉电快等问题，但现在几乎都被解决了。

与其说单反的特点，不如说单反的弱势比较贴切。数码单反的全称叫作“单镜头反光式数码照相机”，它的结构来源于胶片时代的单反相机，最重要的零件就是其中的反光镜结构，通过光学五棱镜或五面镜成像到取景器。

↑ 图4-17 单反和微单的体积对比

对于需要拍摄连续画面的视频拍摄来说，通过取景器观察监看的话，操作生硬、画面狭小，而使用液晶屏监看则更加直观，且多数还带有触控功能。

因此单反主要还是用来进行图片拍摄为主，视频功能的使用已经逐渐被微单取代。如果兼有拍摄图片和视频的需求，并且非常介意对微单显示画面的时滞问题的用户，依然可以选择单反。

对于入门和只拍摄短视频的创作者而言，选用微单是一个明智的选择。

摄像机

那么专业人士用的摄像机，与单反或微单相比有什么不同呢？它们之间尽管功能差异很大，但是原理相同。这里简单介绍一下摄像机的特点。

机身特点

很多人看到摄像机，第一反应就是机身大，按键多。是的。这就是它的外观特点。

↑ 图4-18 摄像机机身（索尼PXW-Z280）

多按键的设计不但没有增加操作的难度，反而是为了降低操作的复杂性。在需要使用某一个功能时，直接按键就可以实现。而在相机使用中，则需要进入菜单，层层选择才能找到并开启，这中间花费的时间，影响的就是现场的拍摄效率，特别是那些转瞬即逝的新闻镜头，根本容不得耽误。因此，摄像机为了应对这些需求，采用具有很多与各功能绑定的按键设计。

↑ 图4-19　摄像机机身按键布局（索尼PXW-Z280）

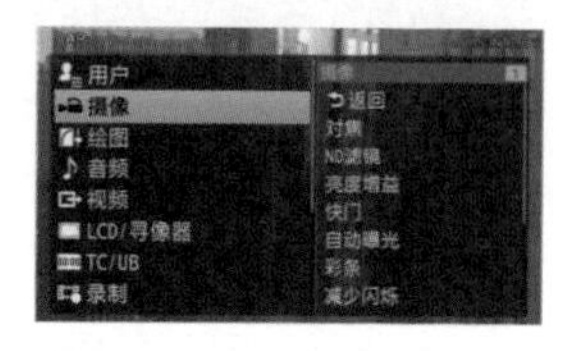

↑ 图4-20　摄像机菜单示例（索尼PXW-Z280）

出于行业需求，摄像机、摄影机的画幅尺寸有很多规格，小的有1/3英寸（如索尼PXW-Z190），1英寸（如索尼PXW-Z90），大的有Super35（如RED KOMODO），全画幅（如索尼CineAltaV），它们同样遵循“底大为王”的“定律”。但由于摄像机面向的是专业用户，它们最终呈现出来的画面质量总体来说还是要比手机明显更好，主要体现在色彩、动态范围、量化等级等方面。

摄像机功能

摄像机包含许多专业功能，例如波形图、矢量图等均是为视频专门打造的，这些也是相机和手机一般不具备的功能。这些功能对于日常拍摄的玩家来说不是必需的，但对于专业人士是常用且必需的工具。

↑ 图4-21　在专业摄像机中，有了波形图，判断曝光便有据可循

摄像机同样分为不可换镜头的手持一体机和可换镜头的摄像机两种。前者往往具有较大的变焦倍率，但感光元件尺寸不大，1英寸以下画幅居多，多用于新闻题材的拍摄；而后者一般是4/3英寸以上的画幅，并且能够更换镜头，这使得它适合用于需要精雕细琢的商业视频制作，企宣片、广告片、MV、纪录片等的拍摄。

其实除了以上的几种设备，还可能用到运动相机（如GoPro）、带稳定器的一体式相机（如OSMO POCKET）等设备。

简单介绍了这几类拍摄设备之后，再次回到开篇的话题，这些设备都可以拍摄短视频，也许都很适合你，这其中的选择和使用决定权，依然在于你。一种设备有优势，也有劣势，如何发掘它的长项，扬长避短，正是作为拍摄者智慧的体现。

4-3 拍摄预算

大致了解拍摄设备之后，或许你就开始筹划购买一台拍摄设备了。但是不论是什么商品，说到购买采购，谁都绕不开一个话题，这就是预算。

设备预算

经常有人会问，我想买一台相机，应该买哪个型号？对于这类问题最好的回答方式就是用问题来回答问题，比如你的预算是多少？你准备用这台机器做什么？

任何的拍摄，都可以看做是一个“商业”活动。这里加了引号，目的是说除了商业拍摄之外，即使是自己的创作也是需要成本的，比如钱、时间、精力等。那么作为支出的一方（制片方），自然就会遇到三个问题：（1）预算是多少？（2）拍摄什么类型的影像作品？（3）有没有那种便宜又好用，而且涵盖多种摄影或者摄像类型的设备的功能？

当你想用第3个问题去解决前两个问题时，那么你可以直接拿起手机来进行拍摄，因为这就是最佳答案。当你可以明确地回答前两个问题时，那么恭喜你，你已经不需要再问别人，你已经可以根据你的答案找到你需要的设备了，无非就是再选选品牌和型号而已。

在选择影像产品时，希望大家可以记住以下几点：（1）明确预算，在预算范围内选择，这是不花冤枉钱的前提；（2）不追求性价比，虽然我们总是想寻找具有高性价比的设备，但是这往往只是我们说服自己退而求其次的理由罢了；（3）尽量不要为多余的功能而买单，在选购时往往会想要更多的功能，但是实际使用中，很多功能可能从来就没有使用过。

价格越高的设备，功能越丰富，这对于初学者反而带来了使用的门槛。现在拍摄设备自动化程度已经做得不错了，对于日常拍摄，其实大部分自动化功能已经能够满足。因此，对于拍摄设备的购买，并不建议一步到位，也不可能一步到位。

周边成本

有了相机就可以直接拍摄了，但是你会发现，能用却并不好用。能畅快淋漓地拍摄还需要很多周边设备的辅助，所以计划购买拍摄设备时，不能只考虑拍摄设备本身的预算，附件预算也需要考虑进来，而且这个费用并不低。

↑→ 图4-22、图4-23、图4-24、图4-25　常见的周边设备例如：镜头、三脚架、电池、存储卡。不同的周边设备，其价格和质量亦不同，所满足的要求也不一样

这里面最贵的就是镜头了。对于镜头性能的关注点，首先是焦段和最大光圈，其次是锐度、畸变、紫边表现等。结合预算和用途的框定，推荐给初学者使用的镜头，以变焦镜头为主。

其他的周边设备也是有门道的，并且都与预算和用途有关。

← 图4-26、图4-27、图4-28 三脚架有不同的高度，又分为碳纤、铝管和塑料等材料。碳纤的贵，但结实又轻便耐用。反之，塑料的便宜，却容易损坏

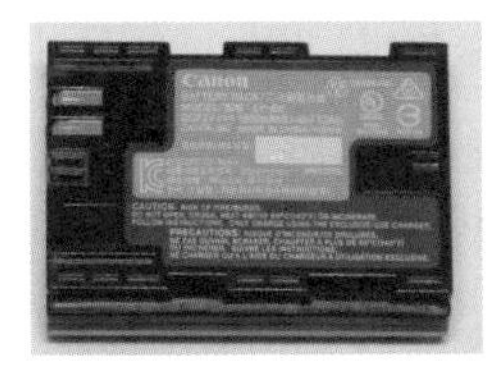

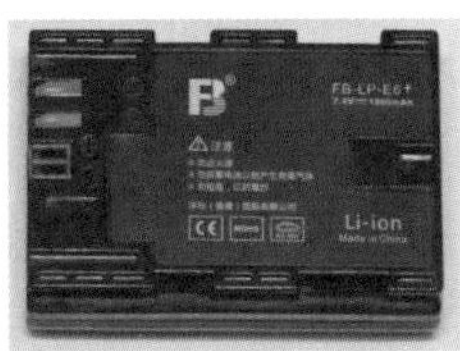

← 图4-29 电池有原装的和副厂之分。一般原厂的电芯较好，续航时间长，但同样也较贵。副厂的续航会弱一些，但价格便宜。这里比较推荐选择副厂中的大厂品牌

← 图4-30、图4-31、图4-32 存储卡重点需要关注读写速度。如果使用4K或慢动作拍摄，对写入速度的要求也会很高，相应地价格也比较贵

← 图4-33、图4-34、图4-35 稳定器、灯光、麦克风等也是常用的附件

这些设备的价格越高，性能一般就越好，但是从预算的角度，却并不一定越适合。所以拍摄设备的购买都是从无到有，从有到好的渐进过程。

另外影像技术也在不断地迭代进步，“选新择廉”可能是一个不错的策略，尽量选择新型号，选择其中价格低的产品作为入门使用，这对于器材、技术、折旧都可以做到尽可能地平衡。

数码产品的淘汰速度越来越快，仅入门而言，二手产品也是个不错的选择。

租赁起步

租赁设备对于影视拍摄而言是再正常不过的事，很多影视剧的拍摄设备都是租的，甚至像Panavision的一些摄影机只租不卖。一些小型的拍摄设备如相机的租赁，在影视行业也是非常常见的。

如果你不确定自己需要购买哪款设备，完全可以用租赁的方法来先行体验，甚至每次使用时都租赁，也未尝不是一种选择。

对于入门用户，淘宝上的租赁店铺就能覆盖大部分的设备。小到GoPro、ACTION这类运动相机，大到全画幅机身，各类顶级镜头，淘宝都能够找到。如果你想买一款机型，又不确定实际拍摄效果如何的话，完全可以先租来实际体验一番。

回归到预算上来说，租赁在成本控制上是合适的。例如索尼的α7SIII，现在的售价大约三万元，租金大约200元一天，换算下来能用150天。何况团队并不是天天拍摄。

GoPro这类运动相机，一天只需要十几元，长租更便宜。这样出门旅行一周，租赁费仅100～200元，相比3000多元的价格购买会便宜得多，而且相当于花费较低的单价，使用最新的设备。

但是租赁的方式也有不足。如果拍摄无计划，比如是随想随拍、说走就走，那么租赁的时效性不一定能满足需求。其次租赁的设备损耗比较大，可能会有小问题，例如螺丝松动、CMOS有灰等，机身的设置也不一定符合需求。因此在拿到设备后，需要重新检查并恢复出厂设置再使用。

4-4 主流功能

技术是服务于艺术的。在进行创作前，需要在技术层面有所了解，这样才能更好地表达创作者的想法。现如今拍摄的自动技术（傻瓜模式）已经今非昔比，这让创作者可以不必担心技术，就能轻松拍出更好的视频。

对于初学者，虽然操作可以交给相机自动完成，但基础的参数和功能，还是需要简单了解的。

分辨率

分辨率是视频参数中至关重要的基础参数。通俗地说，分辨率经常被称为“画面大小”，这虽不严谨却也形象。视频分辨率和图片的分辨率一样，也是以“长 × 宽”的形式出现。不同的是视频分辨率一般都有标准比例，例如常见的高清分辨率 1920 × 1080，UHD 分辨率 3840 × 2160，8K 分辨率 7680 × 4320 等。

虽然视频分辨率在剪辑软件中也可以自定义，但出于电影、电视行业的拍摄和显示标准，一般不会采用自定义的视频分辨率。

在直观体验上，分辨率与画面的清晰度有直接的关系。在保证码率和编解码的前提下，分辨率越高，画面的清晰度越高，细节越丰富。当然这里也有很多门道，相机的感光元件有自己的物理分辨率，拍摄的画面有

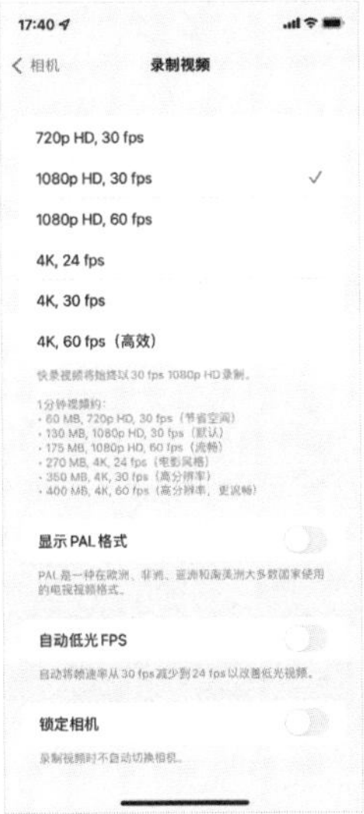

↑ 图 4-36

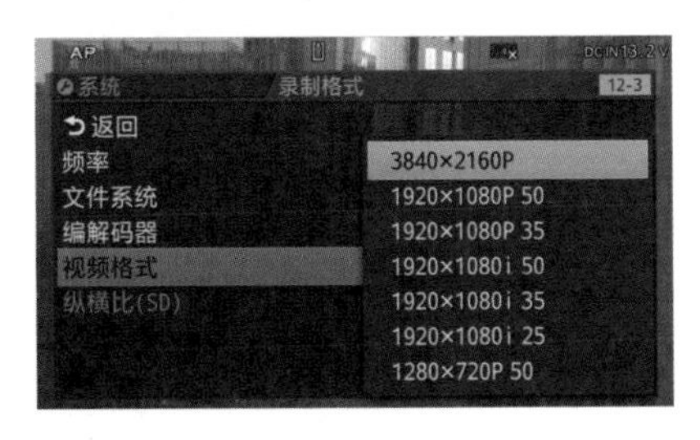

↑ 图 4-37　2K 和 4K 分辨率，在手机、相机、摄影机的设置中，经常可以见到

画面分辨率，显示的屏幕有屏幕分辨率，之间的关系和原理深挖起来错综复杂，因此这里只将结论告诉大家，即高分辨率的感光元件适合适配到同级或低分辨率产品，反之则不适合，所以只看感光元件的分辨率即可。

例如4K分辨率的素材，使用高清的显示屏且全屏播放，那么画面细节肯定比高清素材在高清显示屏上播放更细致。4K素材在4K显示屏上看，画面细节又将比在高清显示屏上效果更好。但高清素材使用4K显示屏全屏观看时，细节和锐度就不够了。

→ 图4-38　在剪辑时，如果拍摄的素材是4K的，而剪辑项目是高清分辨率的，就可以将4K素材缩为高清分辨率，得到更加锐利的细节

→ 图4-39

→ 图4-40　4K素材用于高清时间线剪辑时，也可以做一定程度的缩放、裁切、二次构图，而不会有清晰度的损失

→ 图4-41

拍摄分辨率当然是越高越好，这样可以得到更加清晰的画面。不过这也会带来了一定的反作用。分辨率越高，素材的体积越大，存储卡的拍摄时间会越少，对剪辑用的电脑配置要求也会越高。

帧率

在手机和相机的拍摄设置中，通常可以看到有25P、30P、50P、60P等选项，这些数字的意思是一秒钟记录的画面数量。而P是逐行扫描的意思，曾经对应的还有i，也就是隔行扫描，但在数字时代已经逐渐被取代了。

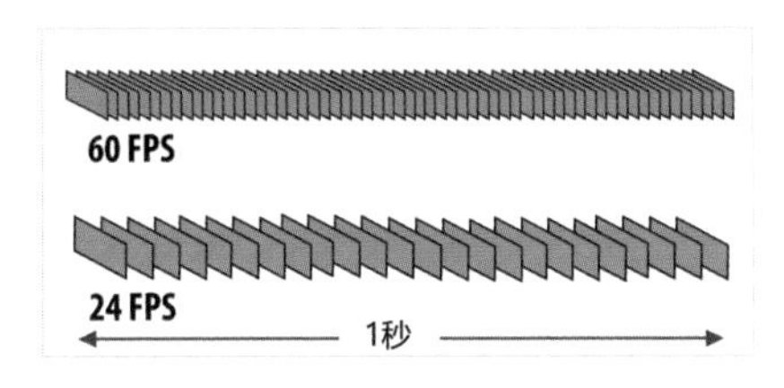

↑ 图4-42　一秒钟内帧的数量

“帧”这个术语是视频行业中的一个基本概念，所有的动态影像，都是由一幅幅连续的画面构成的，帧即代表一个画面，是视频画面的最小单位。由于人眼有视觉暂留效应，这些画面如果快速变化，就会感觉画面是运动的。1秒内这些连续画面的数量就是帧率。

1秒如果包含的画面太少，看到的运动就是有卡顿的；如果画面多，运动就会流畅。实际上帧率的意义也是如此。帧率越高，看到的画面就会越流畅。

那么多少帧率算卡顿？多少帧率又算流畅呢？在电影电视诞生之初，受限于当时的技术水平，将电影的帧率定为每秒24帧（电影行业里叫24格，24P）；中国的PAL制电视标准定为了每秒25帧（25P）；美国的NTSC制标准定为了每秒30帧（30P）。

【表注】帧率列表

视频信号类型	帧率
传统电影	24fps
PAL制电视	25fps
NTSC制电视	30fps
中国HDTV（50i）	25fps
中国UHDTV	50fps

这些帧率也可以看作是视频帧率的下限，如果帧率再低就会明显地出现画面卡顿。实际上在使用25P拍摄并回放快速运动的物体时，就已经能够感觉画面不再连贯。例如在看电视节目时，足球门将开球后，球落下的运动过程，就很容易看到卡顿。

随着技术的不断发展，手机、相机、摄影机完全可以用50P、60P进行拍摄和播放，画面的流畅度会大大地提高。现在B站已经支持60P视频的播放，大家可以找找片源体验一下区别。数字影像技术已经发展到了更高的帧率，甚至以120P帧率拍摄、120P帧率回放都不成问题，比如电影《比利·林恩的中场战事》就有120P帧率的版本。

这里所说的帧率，都是系统帧率，也就是拍摄和播放都采用的相同帧率标准。那么慢动作是如何实现的呢？在某一个系统帧率下，用更高的帧率拍摄，这就是升格。例如将相机设置为以30P的帧率记录，然而在拍摄时，则使用120P的帧率来拍摄，那么相机就会将这120P的画面内容，以30P的系统帧率延展开，形成4倍的慢动作，这个帧的差值就带来了慢动作现象。如果采用120P的系统帧率拍摄，再以120P播放就不会带来慢动作效果。

采用高帧率拍摄和回放高速运动时能带来更加顺滑流畅的画面，但在剪辑时对硬件的要求也更高，所以帧速的选择都是由拍摄类型和预算来决定的。

控制焦点

分辨率和帧率是拍摄时常用的基本参数，下边来介绍几个常用的操作方式，其中对焦是最重要的，而且是必须掌握的技术之一。对焦的快慢，焦点的精准，不但决定拍摄速度，也事关拍摄质量。

↑ 图4-43　如今不论是手机还是相机、摄影机，利用触摸屏进行触摸对焦已经深入人心

手机并不用过多操作，手机拍摄的画面几乎都是前

← 图4-44　在自动对焦的帮助下，我们拿起手机，它就能将焦点找到，呈现出清晰的画面。要改变对焦物体时，只要再次用手点击对应的目标就好

后景全部清晰的，这是因为手机的感光元件较小（前面有提到，一般是1英寸以内），加上使用的是广角镜头，所以前后景不容易拉开。大家只有在近距离拍摄时，或使用长焦镜头时，才能更加容易出现背景虚化的画面。现在很多手机有人像模式，这是通过算法来完成的焦点控制，表现为前后景的分离和虚化。

相机的对焦会更加灵敏。在对焦方案上，很多相机都采用比较成熟的反差+相位对焦的技术，而手机采用相位对焦的并不多，所以手机在面对前后景不能同时清晰的时候（景深覆盖不足时），它自动找焦点的能力不如相机。

为了能准确地“咬住”对焦物体，可以使用焦点锁定功能。不论手机、相机，甚至摄像机操作都类似，只要在显示屏上长按被对焦物体就可以，这时就能比较准确地锁定并跟踪运动的物体。

调整曝光

曝光是拍摄时成像的关键步骤。这里说的曝光，实际上指调整曝光参数，使画面的亮度正常（曝光程度正常），或达到预期的效果。

注意，曝光正确并不意味着画面是完美的，曝光正确只是技术手段的正确，而艺术有时候往往需要的却是技术手段的不正确。

曝光点选择

曝光的差异与曝光方式的选择有关，相机或手机在曝光时需要寻找曝光点，也就是曝光的依据。如果需要曝光的是细小的，那么可以理解成就是一个点，通过点测光来进行曝光。如果是区域的，那么可以理解成一个面，即，通过时更多的点测光并进行平均得出曝光值。

所以在选择画面呈现的明暗关系时，找出你所需要曝光的合适区域极为重要。如果光线的明暗关系在相机或手机的承载范围内，那么亮部和暗部就都可以有层次地呈现在画面之中；如果超出了承载范围，那么亮部和暗部可能就会溢出，造成过曝或者欠曝的画面，也就是发白或者发黑的画面。

补充说明：（1）这个承载范围就是宽容度，它是衡量设备好坏的关键指标，和设备的售价有直接关联；（2）相机的画面细腻程度比手机好，这与宽容度也有很大关系，大尺寸感光元件、高像素都可以直接提升宽容度。

↑ 图4-45　若此时的故事情节需要一个逆光剪影的人物特写，如果用手机或相机的自动模式来拍，很可能会出现人物的亮度正常，但背景过曝的画面，这就形成不了逆光剪影了

曝光控制

↓ 图4-46　在实际情况中，自动测光时，手机或相机会以当前画面的明暗状态，自动测量并调整曝光值，来使画面的曝光正确。例如特写剪影画面，由于自动测光会认为画面中大部分的内容比较暗，所以会命令相机加大曝光，使画面变亮。但此时，背景也会被加亮，整体看起来就变成了相机认为的曝光正确的画面。但由于这个操作，剪影也因此消失

→ 图4-47　为了在自动测光中得到剪影，我们需要调整曝光，将自动曝光往低调整，也就是让画面欠曝，这样才能得到剪影画面。如果是手机的自动模式，可以长按对焦点，再通过移动曝光滑块进行调整

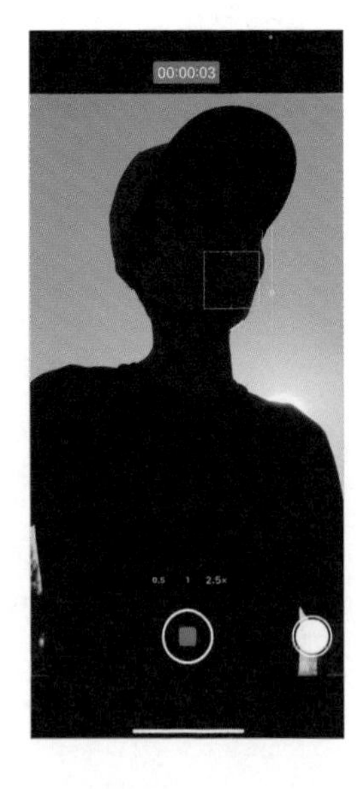

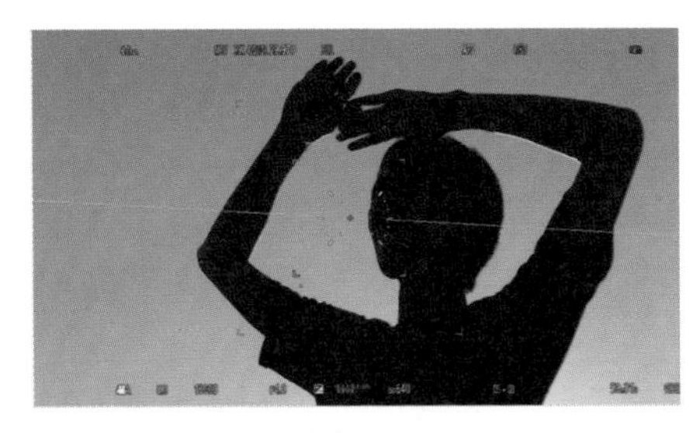

← 图4-48　如果是相机的非全手动模式，可以将EV值往低调

← 图4-49　如果是手机或相机的手动模式，则可以通过改变光圈、快门、ISO的数值组合来进行调整。这不用多说，相信能用到手动功能的朋友，一定已经理解了曝光的意义

← 图4-50　除了剪影，雪地、沙滩等场景一般也需要调整自动曝光的补偿。此时自动曝光一般会不足，画面整体看起来太暗，因此需要将曝光调大

← 图4-51　在大光比的环境下，例如在车内的窗口拍摄人物时，如果没有条件补光，那么车内和窗外的曝光一般不易兼顾

← 图4-52　多数情况下，我们只能对人物和窗外景物的曝光进行取舍（如图4-51中只保证了窗外曝光正常），再开启HDR功能（高宽容度模式）对画面进行改善

选择色温

调整色温/白平衡是让拍摄设备准确还原色彩的操作。手机、相机、摄影机或配合App、或机内自带，都有这个功能。创作者通过对白平衡进行调整，可以如实还原环境色彩，或有意地让色彩做出改变。

一些人认为能准确地还原白色，是调整白平衡的终极目的。但是在此目的下，往往会出现选择的白平衡虽然能够正确还原白色，但却不太符合整体拍摄氛围的问题。

手机的自动白平衡功能一般都处理得不错，只要在拍摄过程中不出现大幅度的色温变化，直接拍摄的短镜头都还是不错的。

→ 图4-53　现在正处于黄昏时刻，金黄色的阳光洒满地面，如果选择了与此时的色温、色调匹配的白平衡（或用了自动白平衡），那么黄色的氛围可能就会被抵消，暖色调的色彩心理也无法体现

→ 图4-54　这时可以强制将相机或摄影机的白平衡设为日光，使画面与视觉看到的效果差不多

→ 图4 55　设置为日光白平衡后的画面效果

← 图4-56　在拍摄傍晚时，可以有意地将白平衡数值设置得更大，这样整体的暖色氛围会更明显。这对于短视频拍摄是个实用的技巧

← 图4-57　在相机或摄影机中，都有一些预设好的白平衡模式，例如钨丝灯、日光、阴天等。如果要在这些环境下比较准确地还原白色，可以直接选择以上预设

← 图4-58　白平衡预设可能与实际环境的色温、色调不完全一致，如果要求还原得非常准确，需要使用自定义白平衡，先用相机或摄影机对着白纸或白墙拍摄后，再手动校准白平衡（行业术语称之为“调白”）

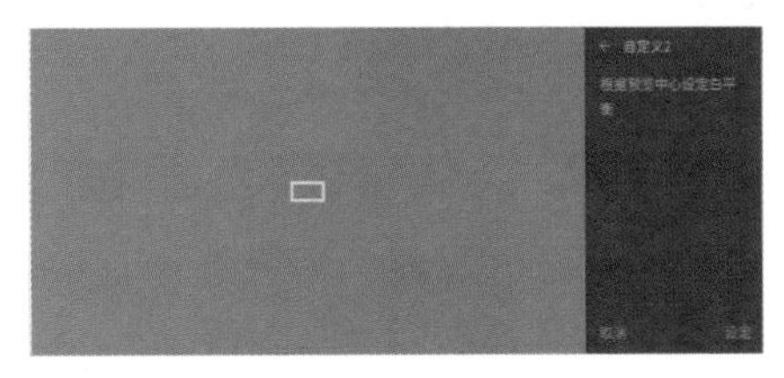

← 图4-59　对于手机，一般在专业模式下才会有手动设置白平衡的选项，或者在一些专业的拍摄App中才能看到。全自动模式下一般是见不到自定义白平衡这个选项的

辅助功能

在拍摄过程中，一些辅助功能也可以帮助创作者更加方便地工作。

网格线

常见的网格线是三分线，它将画面分为3×3一共9个区域，形成一个“井”字。

→ 图4-60 三分线是非常重要的辅助网格线，它与一种常见的构图方法，即三分线法紧密关联

→ 图4-61 用三分线法构图时，可以将画面的兴趣中心放在三分线的位置，为画面增加活跃度，而采用三分线网格刚好能辅助定出位置

→ 图4-62 一般手机自带的相机App，都会有网格线功能

→ 图4-63 除了网格线，有些专业拍摄App还具有更复杂的网格线或螺旋线等特殊的辅助线。当然，在相机和摄影机中，也都有三分线功能可以开启

→ 图4-64 在摄像机或相机中开启三分线功能

水平仪

水平仪的功能也很有意义。不论是手机还是比较新的相机，甚至某些摄像机都具备了这个功能。它利用机身的重力感应传感器，确认机身摆放是否水平，这在手持拍摄时非常有用。甚至有的手机拍摄App还能将它与网格线组合显示。

峰值对焦

另一个常用的辅助工具是峰值对焦。它在相机和摄影机中比较常见，手机自带的App中比较少见，只有某些机型的专业模式，或专门的拍摄App才有。

← 图4-65　峰值对焦主要针对手动对焦，如果焦点处于合焦状态，画面中清晰部分的边缘就会以某种颜色描边，对于景深较浅的画面，这个方式对改变对焦点的效率奇高

斑马线和直方图

← 图4-66　斑马线可以告知某区域是否过曝或达到设定的亮度值

← 图4-67　如果要知道更多关于曝光的信息，大部分机型还能够显示直方图。它是明暗像素量的变化图表，可以看到画面整体的曝光趋势

4-5 特殊功能

刚才为大家介绍了视频拍摄的一些最基本的功能和设置，这对于日常拍摄，已经足够了，但要拍得更出彩，你或许需要看看下面的内容。

滤镜

现在各种手机的拍摄App中，都有“滤镜”或类似“滤镜”的选项，甚至某些App还以带有丰富的滤镜作为特点。

滤镜功能最早出现在胶片时代，是将一个个玻璃制成的滤光镜放置在镜头前，让画面增强反差，得到偏色或星光、柔焦等特殊效果。

→ 图4-68　一些胶片时代的滤镜在数字时代依然沿用，例如UV镜、ND镜、偏振镜等

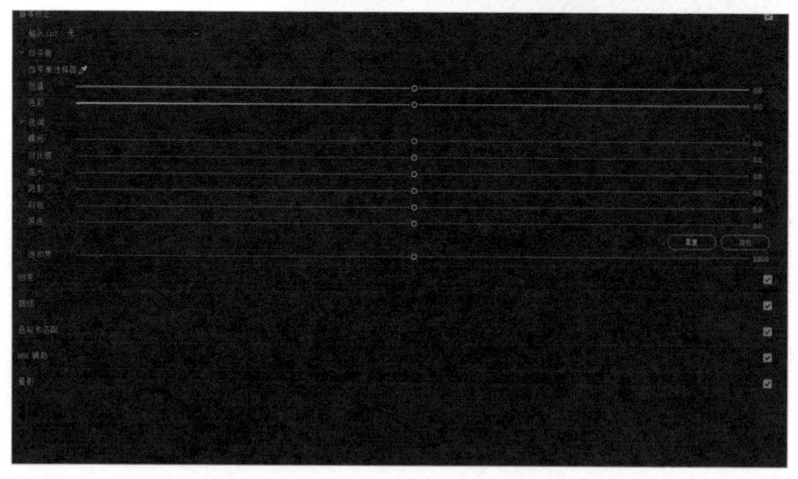

↑ 图4-69　有些色彩滤镜和特效滤镜已能用数字方式实现

ND镜

ND镜是减光滤镜，可以用来减少到达感光元件的光线数量。这种滤镜在相机和摄影机上使用较多，在日常生活中的手机拍摄中较少用到。

为什么要使用ND滤镜这种设备呢？首先要知道，拍摄的画面曝光明暗，反映到参数设置上，可以总结为快门速度、光圈和感光度（ISO）。

同样影响曝光量的还有光圈，光圈越大，曝光量同样增强，画面将会变亮。但改变光圈也有副作用，就是会改变景深。

← 图4-70　快门速度越快，也就是快门数值越小，得到的画面将越暗，但同时画面的运动也会被凝固。反之，快门速度越慢，画面中的运动轨迹会形成拉线模糊。在拍摄水花时，非常容易看到由于快门速度的不同带来的对比

← 图4-71　在较低的快门速度下，拍摄的流水呈现出拉丝虚化的效果

← 图4-72　在大光圈下，通常可以拍出前景清晰、背景模糊的画面，特别具有现在流行的“电影感”

→ 图4-73　反之需要拍出前景、背景都清晰的画面，从光圈的层面上说，就需要将光圈缩小，但此时画面也将变暗

最后一个影响画面曝光的是感光度（ISO），它代表胶片或感光元件对于光线的敏感程度。感光度（ISO）越大，拍出的画面越亮，但它的副作用是会使画面中的噪点变多。

在实际拍摄中，为了减少快门速度、光圈、感光度等的调整对画面效果带来的负面影响，创作者需要将这些参数维持在合适的范围。

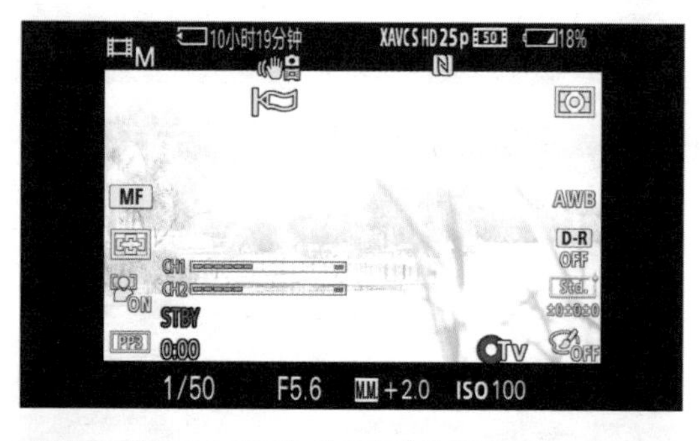

→ 图4-74　在阳光强烈的时刻，需要在25P下用1/50s拍摄一个浅景深的画面，那么就需要用到大光圈，同时减小ISO。但实际拍摄中可能会发现，即使将ISO减到最小，画面也是过度曝光的。这时就需要用ND滤镜了，在视频拍摄中，减光的意义就是如此

→ 图4-75　在阳光强烈时，使用ND滤镜拍摄得到的画面效果

← 图4-76　在图片拍摄中，ND滤镜经常是将上述原理反过来用的，也就是在小光圈下，尽可能地增加曝光时间，这样在拍流水、流云时，能得到如丝绸般顺滑的运动模糊

← 图4-77　使用ND滤镜拍摄的丝滑的流水效果

偏振镜

偏振镜（常被简称为CPL，多为圆形偏振镜）的效果在数字影像的后期处理中，不容易快速模拟。在物理学中，光是具有偏振性的，在视频与图片拍摄中，给创作者带来的最大视觉感受就是反光。

如何消除反光？偏振镜是最好用的。它上面有一个可以旋转的环，转到合适的角度后，反光就会大大减弱，质量较好的偏振镜甚至能让反光几乎消失。

← 图4-78　左图为未使用偏振镜的拍摄效果

→ 图4-79　在拍摄水面或玻璃橱窗时，偏振镜可消除反光，是非常方便的工具。右图为使用偏振镜的拍摄效果

特殊滤镜

如果需要用到特殊效果，或许还用得上柔光镜或星光镜，而原来胶片时代的那些彩色滤色镜或特殊的色彩滤镜，在数字时代大多数已经被相机、摄影机的软件或App取代。

→ 图4-80　随意打开一个手机的拍摄App，就拥有多种多样的色彩效果。只需一个App就可以模拟从“国潮色彩”到“正片负冲”等效果

→ 图4-81　在相机中也可以通过导入色彩配置文件，将某种色彩风格直接应用于拍摄的画面

→ 图4-82　图为胶片模拟风格的一些色彩效果，非常适合快拍和分享

快捷模式

不论是手机，还是相机或摄像机，都有各种实用的拍摄模式，可以将其简单分为专业模式和便捷模式，或者更直观地分为手动模式、半自动模式/全自动模式、场景模式。

自动模式

← 图4-83　对于手机拍摄，打开它自带的相机App，就可以进入拍摄。这时使用的就是全自动模式，可以看到除了拍摄按键，并没有其它过多的设置，只要按下拍摄按键就可以完成拍摄

← 图4-84　相机的全自动模式一般以一个绿色的方框来表示

← 图4-85　摄像机的全自动模式一般会有单独的FULL AUTO按键来开启

← 图4-86　打开全自动模式

场景模式

场景模式则是更加有针对性的自动模式。与相机和影像机相比手机的场景模式做得更为智能。

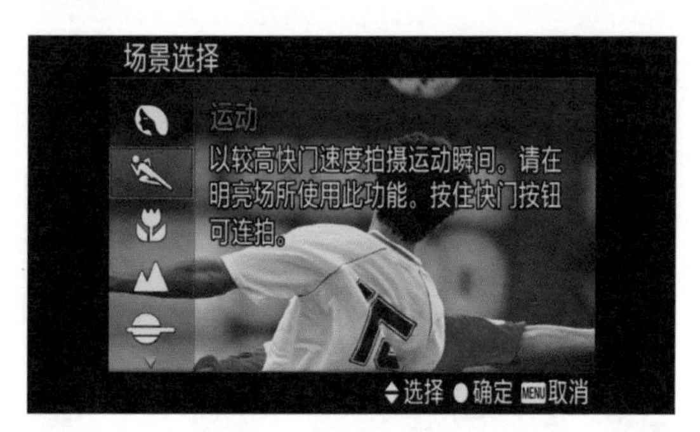

→ 图4-87　拍摄设备一般都有人像、风景、运动等模式，创作者仅需要判断场景，选择相应的设置即可。这比全自动显然更具有针对性，也是新手拍摄进阶时的不错选择

手动模式

全自动模式固然方便，但所有的功能都自动解决了，不免让拍摄画面的表达，以及设备的可操作性受到了限制。

→ 图4-88　在某些手机拍摄App，或者手机自带相机App的专业模式中，可以任意更改光圈、快门、ISO组合，这就是手动模式

→ 图4-89　相机的M挡也是手动模式

手动模式让拍摄更加自如了，创作者可以根据需要选择曝光组合。但如果全部采用手动，有时显得不太方便，因此对于专业的手机拍摄App或相机，都具有光圈优先或快门优先的模式档位，即，固定下某个参数，设备再自动测光更改其他参数。

← 图 4-90　在光圈优先时，我们可手动指定光圈，相机或手机App会自动根据光线情况选择合适的快门速度

← 图 4-91　摄像机虽然一般没有明确的光圈优先与快门优先的挡位，但能通过将光圈、快门、感光度（ISO）单独设置为自动模式来实现

特殊拍摄

在视频拍摄的特殊拍法中，慢动作和间隔拍摄可以说是最常见的了。顾名思义，慢动作可以让动作变慢，反之间隔拍摄可以让动作变快，二者均为表现非常规运动时常用的拍摄方法。

升降格

升格（拍摄慢动作）能展现快速运动的动作细节，让日常的运动画面更有冲击力。例如，在拍摄体育运动时更能看出动作的细节和肌肉的变化。反之，降格能加速一些非常缓慢的运动，在拍摄星空变化、日出日落、云彩更替时常用。

↑ 图4-92　现在的手机甚至能拍摄达到240帧每秒的升格，它让画面运动地更慢，对于在手机的小屏幕上观看和日常分享都是不错的

升格的帧率越高，画面的细节会越粗糙。而120帧每秒是一个比较均衡的选择，它在表现动作时不至于太慢，画面的细节也能满足使用需求。

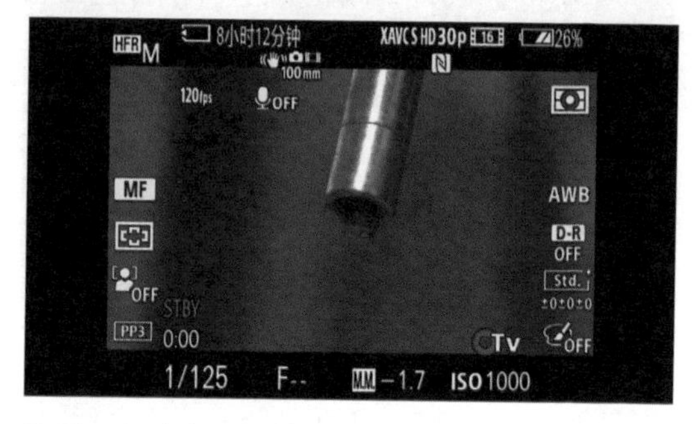

↑ 图4-93　相机和摄像机中，2K分辨率配合120帧每秒的升格也是常见的组合

由于相机的画幅较大，数据量也随之增大，因此对处理器会有一定的要求，所以同时兼顾大画幅（如全画幅）、高分辨率（如4K）、高升格帧率（如120帧每秒）的机型一般较贵。

降格的拍摄就方便多了，手机上自带的延时摄影功能，就是降格的拍法。

→ 图4-94　iPhone的延时摄影模式，默认一般是每6秒拍一帧，如果要得到1秒的25P素材，就需要150秒的拍摄时长

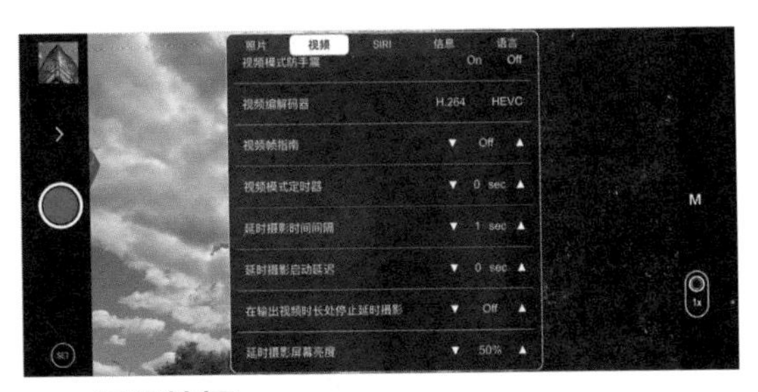

← 图4-95　很多手机自带的相机App是不能设置间隔拍摄时间的，这就需要安装专门的App来解决

间隔拍摄

相机和摄像机都能够进行间隔拍摄或降格拍摄。间隔拍摄一般由相机拍摄图片序列，后期用软件人工合成视频。降格一般是摄像机或摄影机具有的功能，直接拍摄出视频文件。一般用相机进行间隔拍摄，帧与帧之间的间隔可以设置得比摄像机直接拍摄降格的间隔长。

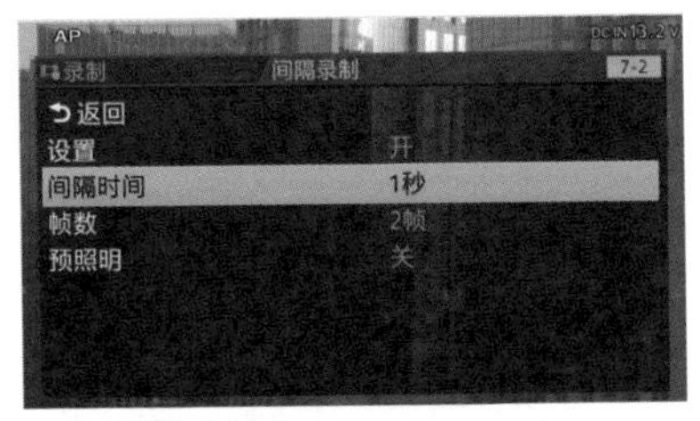

← 图4-96　机内自带间隔拍摄功能，设置间隔时间后进行拍摄，拍摄结束后，相机或摄像机会自动生成一个已经降格的素材文件

← 图4-97　对于不具备间隔拍摄功能的相机，可以使用更加通用的方法，即使用间隔拍摄的快门线，先拍摄一系列图片，再通过后期软件来合成为视频

← 图4-98　将间隔时间设置为5秒时的相机拍摄界面

由于图片的分辨率比视频更高，因此可以制作出更高分辨率的视频。这也是拍摄高品质延时视频会用到的方法。

4-6 重视声音

影视是画面和声音相结合的艺术形式，短视频当然也不例外。声音和视频具有同等地位的，甚至在一些场合，声音的叙事作用会大于视频。这也是奥斯卡金像奖会在1929年就设立最佳音响效果奖的原因。因此在制作视频的同时，不能将心思只花在拍摄画面上，这也是很多新手容易忽略的地方。

录制要求

不论手机还是相机，都自带麦克风，只有极少数的专业电影摄影机不带麦克风或录音模块，声音制作则是由专业录音组负责完成。

没有专门的录音师，在短视频的拍摄中，机内自带的麦克风可以满足使用吗?

有人说机内自带的麦克风性能一般，简直无法使用；也有人说机内录音设备就已经够用了。针对这样的观点，我们还是要以拍摄类型和预算作为出发点。

机内的麦克风由于容纳在机身内，体积不可能做得很大，也不容易将音频处理电路做得很完备，因此它的音质不可能与单独的外置麦克风相媲美。但是对于短视频的创作，这已经足够了。

↑ 图4-99　例如作为普通的记录、日常的分享，机内自带的麦克风也基本能满足使用

很多手机会针对这些短板，通过软件手段进行改善，虽然不能和专业收音设备相媲美，但完全可以满足基本的使用需求。

例如机内麦克风一般是全指向的，因此在安静的环境下，完全可以靠它完成简单的录音。并且机内麦克风收音比较灵敏，所以在拍摄空镜头时，可以用它同步收取环境声。

在配合专业录音设备使用时，也可以利用机内麦克风录制参考声，方便在后期时与其他麦克风录制的声音对位。

麦克风介绍

麦克风的特性包含很多方面，指向性则是其至关重要的硬件参数之一，我们可以简单的将其与相机镜头做一个类比。相机镜头指向哪儿，相机就拍到哪儿；同样，具有指向性的麦克风，它指向哪儿，就能着重收取哪个方向的声音，并同时弱化指向位置之外的声音，这样，就可以有目的地对声音进行收取。

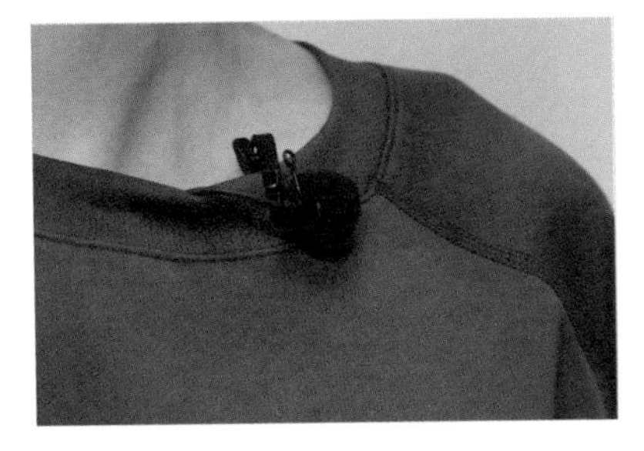

↑ 图4-100 常见的领夹式麦克风，就是全指向性的。但它的缺点在于容易收到四周环境的噪声，因此在录制采访或解说时，需要保证周围是安静环境

全指向

对于麦克风的指向性，主要的关注点是指向范围，它有很多种类型。例如全指向性，会收取所有方向范围的声音，对于来自不同角度的声音，它的灵敏度是基本相同的。因此在声源范围大且要收取所有方向的环境声，或者声源移动时，全指向的麦克风会有用武之地。

全指向功能所拾取的声音比较自然，不论是采访还是运动时的拍摄，全指向麦克风都是比较好的选择。

心形指向

除了全指向性麦克风，还有单一指向麦克风，其中收音范围稍大的是心形指向。

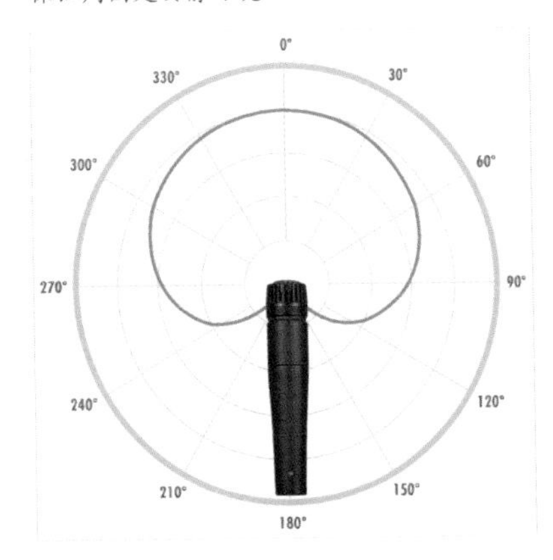

↑ 图4-101 心形指向在指向图中是一个心形形状。心形指向对于来自麦克风前方的声音有最佳的收音效果，而来自其他方向的声音则会被衰减

心形指向麦克风是配合相机或摄像机最常用的一类外置麦克风，多数手持式麦克风也是心形指向。

超心形指向

比心形指向麦克风收音范围稍窄的有超心形指向麦克风。相比于心形指向，超心形指向麦克风抵消了更多来自麦克风侧面方向的声音，比较适合用于室内乐器的多轨录音中，用来减少附近其他乐器的声音。如果你是一个拍摄乐器演奏类视频的“UP主”，用超心形指向的麦克风会比较适合。

枪形指向

比超心形指向更窄的还有枪形指向麦克风，其最佳收音范围仅是正前方的一个很小的锥形区域，主要用于户外的收音，例如户外采访或影视外景拍摄的收音，能明显地减少周边环境噪声的干扰。

8字形指向

还有双指向性的8字形指向麦克风，可以接收来自麦克风前方和后方的声音，拾音范围类似“8”字，这样可以抵消来自90度侧面的大部分声音。在很多涉及立体声的环绕立体声的视频录制中，是必备的组成方案。

现在还有厂商推出了针对拍摄Vlog的双指向麦克风，能够收取麦克风指向位置的声音和Vlogger自己的说话声，这也是随着拍摄题材的发展产生的新玩法。

以上所提及的麦克风，都适用于相机或摄像机，有标准3.5mm接口，更加专业的还配备卡侬头和幻象电源。

→ 图4-102 在手机拍摄大为发展的环境下，越来越多的适用于手机的麦克风也流行起来。它们的指向性选择丰富，能直接与手机相连接，对用手机做拍摄工具的创作者更加友好，可以提供更多的选择和声音改进方案

录音机

如果你对声音有专业的要求，就需要使用录音机专门录制声音。

录音机的底噪性能优于相机的音频模块，用它能得到更加干净的声音。而且录音机支持多轨录音，可以连接多个麦克风，并根据拍摄需要分别放置在不同角度，录制元素丰富的素材。

这对于相机或摄像机是不容易做到的，因为一般它们仅支持2路外接麦克风，而录音机支持6～8路是很常见的。

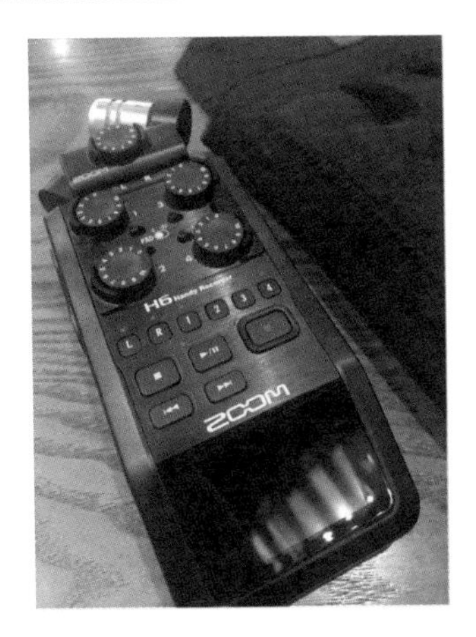

↑ 图4-103　录音机的记录性能更强，是专业视频制作中录音组的主力设备

通过录音机可单独录制WAV格式的音频文件，如果编辑者有能力进行混音，那么它的可操作余地将更大。有的录音机还支持录制32位浮点数音频，这就如同用相机拍了RAW格式的照片一样，具有较大的后期调整空间。

4-7 拍摄附件

如何让人们能够在这几分钟内完播、一键三连乃至催更，短视频除了要在内容上有吸引人的亮点外，拍摄酷炫的镜头效果也是创作者吸引粉丝的一个好方法。除镜头设计的脑力劳动之外，搭配附件进行创意拍摄，也可以为视频带来更大的创作空间。

自拍杆

自拍杆早已成为短视频拍摄神器，这里有几个选择要点可供参考。首先是可以选择底部带有三脚架的自拍杆，虽然不能完全替代标准三脚架，但其轻便小巧的特性可以解决绝大多数的稳定问题。

如果使用GoPro这类运动相机的话，那么选择手机和GoPro兼用的自拍杆会更为合适。

自拍杆的玩法非常丰富，可以用它模拟摇臂、滑轨，进行多维度的运动，还可以模拟斯坦尼康进行跟拍，配合全景相机实现小星球效果等。

稳定器

手持稳定器的价格不菲，而且往往相机或手机无法通用，所以在购买前需要先明确自己的拍摄设备，除非你决定两个都买。

↑ 图4-104 相机稳定器在加载大镜头后，需要进行调平，否则即使不会有损电机，也会加大耗电量

从第一代手持稳定器到现在，稳定器针对电机的扭力和自动保护性能不断做出提升，所以对于手持稳定器而言，一定要做到买新不买旧。

尽管稳定器品牌众多，但使用的注意事项与技巧都是类似的。

稳定器使手持拍摄变得更加流畅，除最基本的运动拍摄之外，还能用它拍摄大范围的移动延时，模拟摇臂滑轨的运动等。配合稳定器的各种模式，甚至能轻松拍出广告级别的稳定旋转镜头，用来拍摄无缝转场画面也更加方便。

↑ 图4-105 因为手机比较轻，所以手机稳定器的电机扭力一般都能满足使用

滑轨

滑轨是运动拍摄的常用附件，滑轨的差异主要取决于轨迹长度和操控方式。轨道长度越长，可移动的范围就越大，前后景也能有越明显的位置变化。

↑ 图4-106 对于短视频拍摄，一般采用1m左右的滑轨

← 图4-107 拍摄静物或小场景也可以使用35cm的小型桌面滑轨。主流的桌面滑轨能实现接近双倍的滑行范围，一个30cm左右的滑轨能达到50cm～60cm的滑行距离，使它在体积和滑行长度上得到了很好的均衡

← 图4-108 如果资金充足也可以选择电控滑轨，这让拍摄的画面能够更加均匀顺滑

补光灯

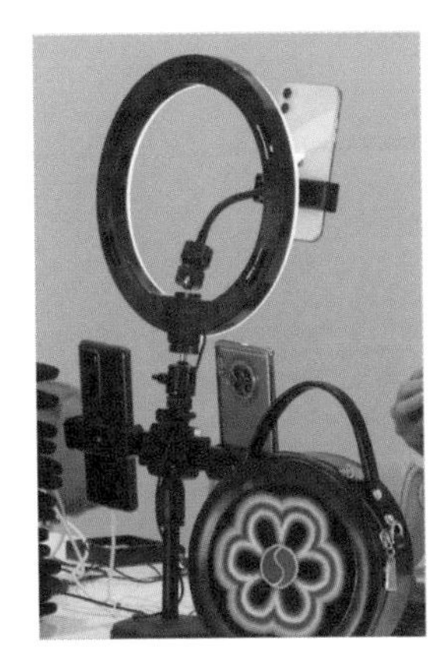

↑ 图4-109 直播常用的环形补光灯

现在的手机补光灯也有很多种类型。补光灯不仅为了保证照明需求，还为了进行光影造型使用。灯光选择主要和拍摄类型、拍摄对象、场地、机位调度路径等都有关联。

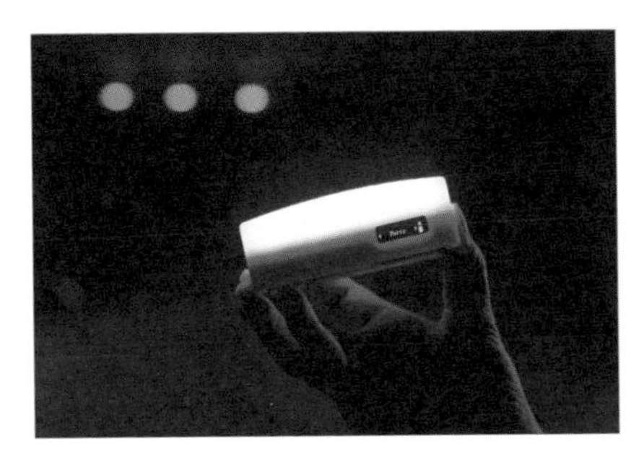

↑ 图4-110 小型补光灯，完全可以满足采访和Vlog的拍摄需求

小型补光灯对于用手机拍摄小型物品是绰绰有余的，甚至对于用相机或摄像机拍摄一些小景别画面都可以满足。

在使用补光灯配合手机拍摄时，需要注意一些问题。在打开补光灯时，不推荐同时使用手机自带的闪光灯进行常亮补光，因为它们的色温一般是不同的，可能会在手机的自动白平衡下，带来颜色偏差。

↑ 图4-111　有的补光灯内置了电池，还具有多种色彩的染色光可以选择。现在的小型补光灯甚至带有磁铁，能吸附在一些地方，省去了灯架。也有的灯能用手机App控制开关和选择色彩

第 5 章

拍摄篇

5-1 画幅

上一章为大家介绍了关于器材的一些基本概念，下面为大家介绍与短视频比较切合的一些拍摄技巧。

手机的工业设计造成竖屏构图被大量使用，所以谈及短视频创作、或者手机视频拍摄的技巧，关于横屏和竖屏的选择就成为不得不考虑的话题。二者在拍摄技巧和叙事思路上多有不同，在横屏拍摄中使用的技巧，竖屏却不一定能适用。下边就为大家分享横屏与竖屏拍摄时的心得。

横屏和竖屏

人眼的视觉和生理结构，更加适合观看横屏画面，人眼的横向分布造成视觉范围也是横向展宽的。竖屏视频的出现，完全是因为智能手机使用竖向屏幕，而它自带的相机App在拍摄时又往往会铺满全屏，这才逐渐有目的地开始拍摄竖屏视频。

横屏的特点不必多费口舌，因为大家早已习惯横屏画面。不论在电视还是电影领域，画面在横向展开得越宽，呈现出来的视觉效果就会越震撼。所以影视发展的趋势就是拓宽视野，例如电视机的演变，从4:3到16:9，画面横向延展，带来了更宽广的视野。电影画面也不例外，它的宽高比（长边与宽边之比）甚至比现在电视的16:9还要宽，通常可以达到2.35:1或2.39:1。

↑ 图5-1 竖屏视频的9:16在拍摄上与横屏视频的16:9有很大的不同

竖屏画面比例主要取决于手机屏幕的尺寸和宽高比。一般手机、相机或摄像机拍摄制作的竖屏视频均约定为9:16。

其次，有些区别是由硬件设备带来的，有些是由创作带来的。硬件方面，竖屏画面比较容易出现广角畸变，在竖屏下广角带来的畸变相比横屏会更加明显。

尤其是在拍摄站立的人物、或拍摄面部

特写时，由于取景的方向为竖向，人站立的方向或人脸的方向也为竖向，那么在广角端就容易被畸变拉伸得更多。这也是在竖屏下用广角拍摄时，或者用手机的前置摄像头自拍时，为什么会比横屏更容易显脸大的原因。

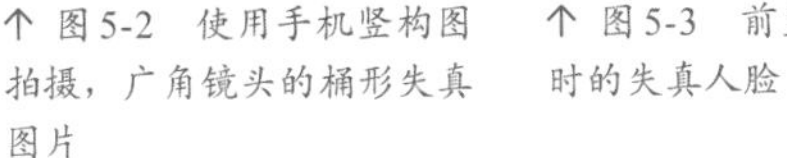

↑ 图5-2　使用手机竖构图拍摄，广角镜头的桶形失真图片

↑ 图5-3　前置摄像头自拍时的失真人脸

而且在竖屏拍摄中，更容易出现上下穿帮的画面，人物横向的动作也不便于做得太大，否则很容易出画。如果要求严格的话，竖屏短视频其实是更难拍的，也需要多花更多的精力来解决实拍的问题。

兼顾画幅

正是由于现在有了横屏与竖屏的两大阵营，这使得在拍摄中更容易让人纠结。例如是从短视频的传播角度来说，在拍摄之初就应该更多地考虑到播放平台的画面标准。例如，若短视频只在抖音播放，那竖屏肯定更适合；短视频只在B站播放，那横屏肯定更适合。

令人纠结的是，现在的平台太多，大家为了更好的传播度，大都会选择多平台投放，而这让横竖屏的选择和兼顾就成为创作者面临的严峻问题。

例如想要更好的视觉效果，可以采用横屏拍摄，之后在后期制作时，对原始视频进行中心裁切，这也是横屏素材制作竖屏视频最常用的方法。这是一个妥协的选择，问题常见于最终画面在裁切后构图不好控制，对于前期拍摄的要求和限制会比较多。

→ 图5-4　兼顾横竖屏的方法还是有的，如果不考虑观感，完全可以在横屏画面上下加边框变为竖屏，很多平台也都是这样进行处理的。坦白说这并不是好办法，仅是没有办法的办法。这样处理会让画面变小，画面信息不够突出，无法发挥大屏手机的显示实力

→ 图5-5　为了兼顾竖屏的剪裁，在拍摄时可以在液晶屏上设置竖屏参考线，或帖出标记。但在实际拍摄中，这个方式却不容易同时满足横屏和竖屏的构图。只有在拍摄固定的画面时，这个方式才适用

由于裁切已成为横竖视频制作的主要手段，因此推荐使用4K分辨率的相机或摄像机，这样可以更好地保证裁切画质，为拍摄提供更大的后期处理可能性。

画面宽高比

宽高比一词在横屏与竖屏的差异这一部分已经引入了。它指的是画面的长边与宽边的比例。对于横屏视频，比例越大，画面越宽。画面的宽高比有很多种，这一方面是由于影视技术的发展带来的，另一方面是由于各电影巨头的竞争带来的。

→ 图5-6　我们比较常见的视频画面宽高比有4:3、16:9、1.85:1、2.35:1、2.39:1等

4:3的宽高比是历史最悠久的宽高比，在电视机发明之初，这个宽高比就已经存在。我们可以回顾一下十年前的电视机，它的屏幕显得比现在的液晶电视屏幕要方正得多，这就是因为它采用的是4:3的宽高比。

← 图5-7　如果你想拍摄一个复古的短视频，那将画面制作成4:3，加上怀旧的色彩和特效是一个不错的方案

画面越宽，看到的影像越震撼，在后来的高清电视标准上，16:9画幅取代了4:3画幅。这也是我们现在家用的液晶电视的宽高比。

← 图5-8　现在采用手机、相机、摄像机拍摄的横板视频素材，绝大多数都是16:9的宽高比

但在电影院，我们能看到更宽的屏幕，也有条件放映出更大宽高比的影片。到现在，多数电影采用的是2.35:1、2.39:1等宽高比，在荧幕上呈现出更宽广的画面。

← 图5-9　如果想在短视频中模拟电影的画面，上下加上遮幅以营造电影的大宽高比较果是最简单的方法

宽高比对画面的构图是有影响的。比如宽荧幕，它在呈现壮观的环境更有优势，更强调水平方向的构图，因此，非常适合于对称构图、适合远景。但宽荧幕在构图时由于太宽，因此需要在突出主体上花更多功夫，比如使用置景、改变前景或寻找其他角度来解决。传统的4:3因为较为方正，因此比较适合强调单个人物的近景，但这样的宽高比已经基本逐渐退出舞台。16:9是构图和宽高比中比较均衡的选择。

稳定画面和抖动画面

对于视频拍摄，稳定是非常必要的因素。在电影拍摄的早期，就已经使用三脚架来进行稳定了。当然随着技术的发展，越来越多的设备为稳定拍摄提供解决方案。画面稳定是基础，也是拍摄的基本要求。

用三脚架将画面拍摄得四平八稳，或采用缓慢的推拉摇移，让画面稳定地变化，这曾经是摄像师拍摄的基本功，但对于短视频的拍摄，这样的拍法却不一定合适。

从镜头语言上而言，完全稳定的画面可以给人带来庄重、正式的感觉，例如拍摄采访和新闻画面时，经常采用的就是这类拍法。但稳定的画面显得不够活泼，动感上也较为欠缺。例如长时间使用稳定的固定镜头，在视觉上就显得比较呆板。对于在几秒钟内需要留住观众的短视频，如没有过硬的内容或语言表现力，采用过多的稳定镜头显然是不合适的。

手持拍出的抖动画面更加活泼，更加充满动感。在短视频中巧妙地使用抖动镜头，能让视频的整体节奏变得活泼。抖动需要与视频中的情节相对应。

另外，对于几分钟的短视频，抖动最好

↑ 图5-10　跑酷视频的抖动可以猛烈一些，以此突出动作的动感

能在一定程度的稳定中进行，这样不仅能传达出画面内容，也能增加画面的动感。如果抖动让人感到头晕眼花，那么这类画面就不适合再使用。

在要求较高的短视频创作中，需要根据视频的内容、呈现方式来选择合适的抖动幅度和抖动时长，也需要根据情节来合理搭配抖动与稳定的节奏。这些都是进阶后的创作者经常需要考虑的问题。

得到稳定画面

应该如何获得稳定的画面，例如需要拍摄四平八稳的固定镜头画面，或者需要稳定的进行推拉摇镜头时，那么三脚架就是必不可少的工具；如果需要拍摄流畅的运动镜头，那么使用手持稳定器就是一个极好的解决方案。

↑ 图 5-11　稳定器的使用使视频画面既可以做到如丝般顺滑地稳定，也可以让抖动再明显一些，实现动中有静

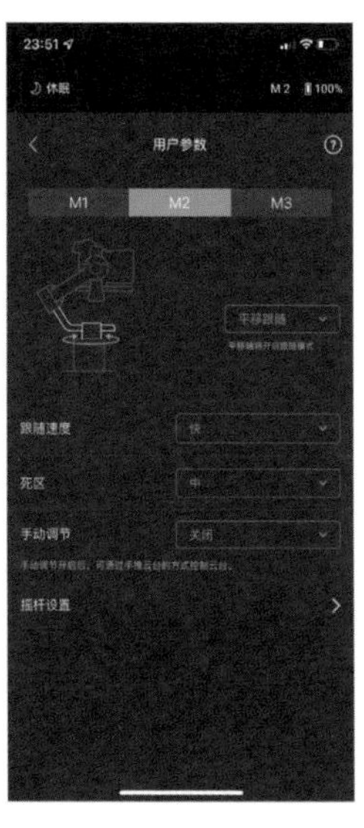

↑ 图 5-12　稳定器可以通过设置死区、跟随速度等参数，实现各种程度的平衡拍摄效果

除了用辅助设备，拍摄设备的防抖技术经过多年的发展，已经相当成熟。从光学防抖，到机身五轴防抖，再到现在配合陀螺仪加上AI技术的数码增强防抖，在技术的协助下，创作者能够轻松拍摄出稳定画面，大大降低了拍摄者适应设备的练习门槛。

手持画面可以兼顾动感和现场感，更加贴合现实。例如拍摄Vlog或不便于携带过多器材时，机身带有防抖功能的设备是不错的选择。

→ 图5-13　在后期制作时也可以在软件上进一步防抖，如Premiere的“变形稳定器”就具有防抖功能。但用这类软件进行防抖处理都会剪裁一部分画面，因此使用时是有局限的，一般适合用于时长较短的镜头

5-2 景别

景别主要表现的是环境关系、物与物之间的关系、人与物之间的关系，可以强调细节，也可以引起观者开放式的想象。

“文似观山不喜平”，在进行短视频拍摄的时候也要有这样的想法，各种景别都要有所尝试，这样不但可以丰富画面，还可以找到创作者的视觉喜好，明确在哪种景别下可以更好地表现自己的想法，拍得更加顺手。

景别

找到能驾驭和参与叙述的景别，这对于创作是非常重要的。远、全、中、近、特是从宏观到微观的表达，大景表现气势，小景描述细节。下面依次展开。

远景

远景一般用来表现极大的环境全貌，给人的视觉感非常宽广，画面内包含很大的空间，人物在画面中的比例很小，甚至看不到。

← 图5-14　远景主要是用来说明故事要发生的环境和背景的，一般在某一段故事的开头或结尾时用到

经常能在电影大片中看到，开场的第一个镜头就会有展现环境的远景，例如在开场看到山谷，那么观众自然就理解为，这段故事会将在山谷中进行。在拍摄Vlog或其他记录事件的短视频中，也可以用到这个方法，这样就可以用环境来区分拍摄的地点，避免形成流水账。

全景

全景主要用来表现大环境与人物的关系，例如主人公将在什么地方出现。全景会拍摄到完整的人物全身（或物体全貌），会在画面中包括环境、人物造型和道具的位置关系。全景画面的目的就是让观众知道人物和他所处的环境。

← 图5-15　全景示例

中景

对于人物拍摄，中景的范围比全景更小，画面下边缘大约会位于大腿的位置。中景比全景容纳的环境更少，主要用来讲述事件的景别，用于表现人物的上身动作。对于一个视频总的来说，中景的

画面数量一般是比较多的。不论是电影还是短视频，中景都是最常用、同时也是最能在构图和调度上有所突破的景别。

→ 图5-16 中景示例

中景主要是采用小广角到中焦镜头来拍摄，用相机的话，等效焦距一般在35mm～70mm。由于需要突出人物，因此环境最好能稍微虚化，或者避开干扰人物的画面。用广角镜头的手机拍摄中景，因为景深较深，背景不易虚化，同时由于广角镜头带有畸变，在中景机位时容易使人“变胖”，因此不宜使用。假如手机有长焦镜头，则首选长焦镜头，没有的话，可以选择附加镜，或用美颜效果修正。当然，最好是用相机配合相应焦距的镜头进行拍摄。

近景

近景一般会拍到人物胸部以上，比中景更小，周围的环境带到得更少且更为简洁，画面中一般只有人物。由于这些特性，近景主要用来表现人物的面部表情，因此，面部表情丰富的主体，或者需要用面部表情来传达人物内心和情绪的时候，使用近景拍摄比较合适。反之，人物如表现力不足的话，可以减少近景，从而规避掉表演上的瑕疵。

→ 图5-17 近景示例

近景和中景类似，同样也可采用相机加中焦或长焦镜头拍摄，对应焦距可以从等效70mm～200mm。使用手机拍摄近景的弊端，也可以用与中景相同的方法克服。

特写

特写镜头主要用来提示信息、营造悬念，或是用来细微地表现人物的情绪，或通过动作（例如手部、脚部的微小动作）、道具的特写来反衬人物的情绪。

特写镜头具有强烈的视觉感受，是画龙点睛的点睛之笔，所以不能滥用，太多则会削弱特写镜头的力量感。在短视频中，通过人物或物体的特写来反衬影片情绪是非常高级的做法。在拍摄叙事性质的短视频中，如拍摄Vlog时，特写镜头在后期制作是非常有用的。

← 图5-18　特写示例

特写画面需要长焦镜头或微距镜头来完成。对于拍摄较小物品的特写，就只能用微距镜头或近摄镜了。

← 图5-19　用手机拍摄人物特写，具备长焦镜的手机具有较大优势

因此可以看到，景别越大，展现的环境信息越多，越有利于交代故事发生的环境和背景；景别越小，强调的具体信息越多，越有利于让注意力集中在画面和动作上，以画面来描述拍摄的内容是非常高级的做法。需要补充的是，关于景别的划分并不是绝对的，是可以变化的，这需要根据拍摄的情境灵活地加以变通。

拍摄角度

拍摄角度的选择将伴随着整个拍摄过程。当你拿起手机拍高大的树木时，会不由自主地向上仰，当拍地面的小草时，会不由自主地向下俯。

可以将拍摄角度粗略地分为平视、仰视和俯视，不同角度在画面表达上都有重要的意义。

平视

平视指拍摄设备与被摄物体处于同一高度，视线是平的。采用平视能体现出客观、严肃性、稳定性。

生活中接触最多的就是平视，这是人与人之间交流的主要角度，在视觉表达上，这也是非常平易近人的角度。这种镜头没有倾向性，需要画面表现的故事和观点，全部都通过平视的感觉娓娓道来。

当我们在进行平视镜头的拍摄时，在保证稳定的前提下，将拍摄设备举到面前，平视观察就是平视拍摄的角度。如果我们使用三脚架进行拍摄，可以先确定三脚架云台的高度，将其设置为略低于平视角度一点，这样架设相机或摄像机之后的角度就是平视高度。

→ 图5-20　在拍摄人物采访时，平视让人感觉就像与画面中的人物面对面交流一样自然

→ 图5-21　在拍摄人物中，如果采用正面平视拍摄，让人脸正对镜头，那么就会使画面端庄严肃。缺点是立体感差，尤其是东方人的五官较平，因此在影视拍摄中，一般会需要用灯光来增加面部立体感

平视是在视频拍摄中最常用的拍摄角度，但它也是最需要多花功夫的拍摄角度。它的镜头效果与水平方向的拍摄角度有关。

另外需要说明的是，平视的角度是和兴趣点有关的，那么在角度的选择上，也要考虑到视觉兴趣点，这就是均衡的视角。

有一个著名的猫粮广告，拍摄者将摄像机安装在猫的脖子上，记录猫一天的生活。通过这样拍出的画面我们可以从猫的视角看到世界，其实也是一种平视的拍摄。在生活中我们认为渺小的东西，在猫的眼中就是巨大的，这种另类的画面效果，其实就是选择不同的兴趣点进行连贯的平视角度画面拍摄的结果。

仰视

仰视是机位从低处向高拍摄，如同抬头仰视。仰视能够使人物、景物显得更加高大雄伟。

高山仰止，就已经说出了仰视角的画面表现力，巨大的、坚毅的、不可战胜的，这些都需要仰视角去表现。当我们走进寺庙或者某个纪念馆，你会发现里面的雕塑和壁画都是巨大无比的，置身其中观察它们都需要仰视，观察到的画面带有庄重的氛围感。

在很多科幻影片中，人类遇到的对手都是大于人类数倍的庞然大物，在它们面前人类显得无比渺小。采用仰视视角拍摄不但描写了“外星侵略者”的巨大、不可战胜，还会反衬人类的弱小，而当最终的结果是人类团结起来战胜这个庞然大物时，这样的“战胜感”会更加明显。

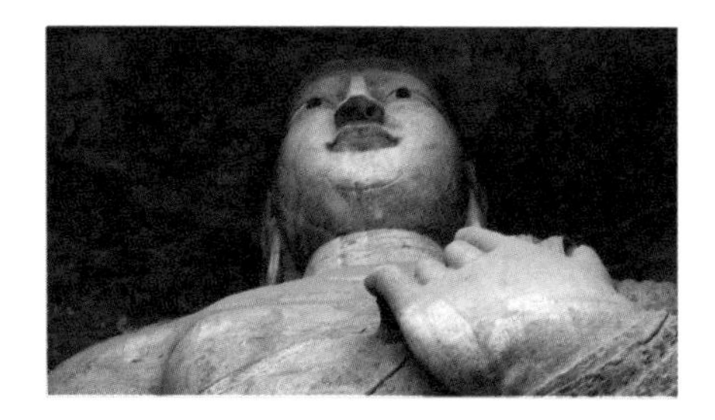

← 图 5-22　佛像往往都非常高大，我们在他面前往往要仰头观看。这种仰视的观看方式，让人们对于佛像肃然起敬

拍摄领导者和胜利者也通常使用仰视角度，这样可以增加人物的内心表现。其坚毅的性格、不畏艰险的勇气、过人的胆识都可以通过这种仰视角度表现出来。可以想象一下曾经看过的电影中英雄人物的形象、领导者的形象，这种画面感就会油然而生。

→ 图5-23　仰拍不仅可以表现人物的刚毅，还可以表现建筑物或树木的挺拔，我们还可以使用低角度仰拍的方式，借助前景来表现环境关系。

俯视

与仰视对应的是俯视即，机位由高处向下拍摄。一般在拍摄风光空镜时，配合广角镜头能表现宏大的场景。

从构图上讲，俯视以最大范围看到最多的景物，对于交代大环境是一个不错的角度。你可以推拉，可以横竖摇，运动起来的画面大大延伸了高处俯视时画面的覆盖范围。

俯视拍摄人物的画面现在太常见。很多朋友都喜欢用手机玩自拍，怎样自拍能把自己拍的可爱又漂亮呢？用俯视的手法，再将脸转向侧面45度试试，这是很多女生拍摄自己的标准动作。当你想表现娇小、可爱、亲切的人物时就可以试试俯视角。

此外俯视还有一种极限状态，顶视。它的机位镜头从高处完全垂直向下拍摄，一般用来展现画面中点线面的美感。

→ 图5-24　俯视拍摄可以让人物通过透视关系显得更加有趣可爱，拍摄人物时的画面效果很生动。

↑ 图5-25　使用俯视的角度也可以拍摄风景，展现广阔的画面

↑ 图5-26　在航拍时经常用到垂直的顶视拍摄

↑ 图5-27　拍摄开箱或者教学视频时，也经常能看到这种俯视拍摄的镜头

侧视

我们在拍摄客观发生的事件时，侧视是一个不错的选择。如果说平视是平易近人的，仰视、俯视可以表达创作者的暗喻，那么侧视就是冷静和客观的。例如，百米赛跑时遥控摄像机追随第一名冲刺的画面，就是冷静客观的画面表达。侧视拍出的画面给人感觉如同我们铺开一幅国画长卷，散点透视的山水，浓淡有致的墨迹一一呈现。很多纪录片就是用这样的拍摄视角拍摄完成，表现为虽然观察了但是并不介入其中的客观感。

← 图5-28　在跑道外观看体育比赛，我们多半是使用侧视的方式来观看的

→ 图5-29　使用侧视的方式来拍摄自行车比赛，平移拍摄可以带来更好的视角

→ 图5-30　将机位转90度，就成了侧面平视拍摄，经常用来勾勒人物的轮廓

→ 图5-31　侧面45度的平视拍摄，这是非常有用且常见的拍摄方法。人物的面部立体感强，画面显得更加活跃，而且可以使脸显得更小。配合中近景景别更能对表情进行描绘

视角

客观视角

这也许难以理解，还是简单先举个例子吧。

火车呼啸而来，远处的铁轨上站着一个人。在这个场景里，一个是人看到火车开来的画面，另一个是火车驶向人的画面。注意是火车看到的人站在铁轨间，而不是火车司机看到的，这种物体为观察者的视角就是客观视角。

画面中的冲击力和环境的交代，都可以通过客观视角的表现一目了然。多使用客观视角可以打破画面的沉默，让叙事角度变得多样。很多短视频、广告和MV作品都是通过这样的角度进行创作的。

← 图5-32　图5-32和图5-33所示的两张截图是一组镜头中的正反打镜头。左图所示的第一帧是推开大门之后的主观视角，可以是人的视角也可以是摄像机的视角

← 图5-33　左图所示的第二帧则是从天坛的视角出发俯视大门，这就是一个标准的客观视角，也就是物视角的镜头

← 图5-34　自行车手迎面而来，如果是在路边的关注，应该是带有角度地观察，因为这样才不会被自行车撞到。但是这样的角度现场感和冲击力都不强，于是我们使用客观视角，直接面向自行车拍摄，冲击感立刻就表现出来了

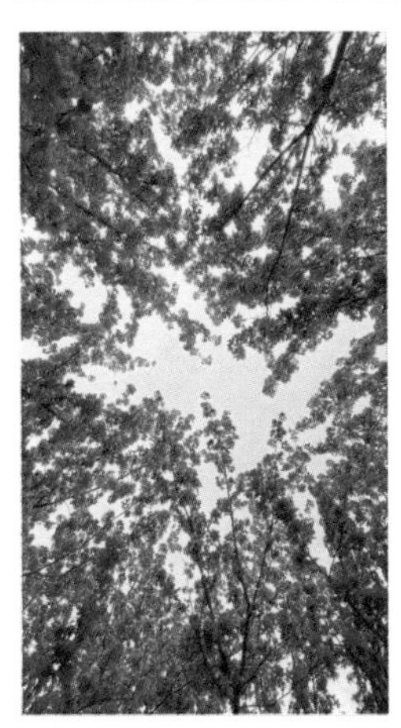

↑ 图5-35　采用大仰角拍摄天空，模拟人物躺在地上看天空的主观视角镜头

主观视角

拍摄设备模拟人的视角，拍摄出来的画面就像是观众自己看到的一样。因此主观视角拍摄的画面具有极强的第一人称的视觉观感，使观众对现场境遇和体验感同身受。

主观视角和客观视角是需要交替使用的，没有客观视角对场景的描述，主观视角就没有那么生动和代入感。能够合理地使用客观视角和主观视角，也是短视频创作者从入门到进阶的体现。

→ 图5-36 对于极限运动的拍摄，采用主观视角更具有身临其境的感觉

5-3 构图

景别和拍摄角度的综合就是构图，也就是通过对画面的宽广程度和视角的选择所产生出来的画面就是构图。

构图是为了更好表达，无论是抒情段落还是纪实段落，在整个拍摄的过程中均要注意构图的完善、丰富和准确。

通过不同的构图可以有不同的画面效果和叙事尝试。构图有一定法则可以遵循，构图的标准就是让画面在感官上“舒服”，满足视觉的愉悦。创作者既要合理地运用这些规则，又可以在熟练之后打破这种规则。

掌握构图的关键

构图是减法，要减掉无关的画面元素，保留对画面有用的部分。例如现在你面前出现一片绝佳的风景，创作者需要找到最想拍摄的内容作为主体，其他作为陪体，一个画面明确一个主体即可，无需贪多。

这些表达的最终目的，都是让画面的主体清晰明确。因此构图最关键的要点，就是需要突出主体。在画面中，除了主体还有陪体，有了比较和陪衬才能更好地突出主体。“红花还需绿叶衬”说的就是这个道理。

利用前景与后景，也能在突出主体中起到很大的作用。还可以利用点线面的位置差异或色彩差异，或者是采用在画面中设计引导线等方法，帮助视线找到主体。

总之所有的方法，都是为了突出主体，这就是构图的关键。

图 5-37　司马台长城照片中的引导线

常见的构图

对称构图

中国人在美学上总是更青睐于对称的，建筑是对称的，如故宫；建筑物前的摆设是对称的，如寺庙门前的石狮子；门上的对联是对称的；甚至说话办事、你来我往都是对称的。

对称其实就是一种稳定的状态。受到这种文化的熏陶，创作者在进行拍摄时，不由自主地就喜欢这种平稳的构图方式。

← 图 5-38　在拍摄风光、建筑等大场景时，不但可以注意左右对称的构图，还可以使用上下对称的构图方式

← 图 5-39　中国式的建筑很多都是对称风格

→ 图5-40　偶尔添加一些趣味元素来打破对称，但总体构图风格依然不变

不对称构图

不对称构图方式就是需要我们打破对称构图得到的。虽然没有了平衡感，但是动感被加强了，而且有余味可以回味。

→ 图5-41　不对称的构图可以拓展空间，让人有一种话外之音的感觉。通过不完整的方式让人们在脑海中完善构图，自然就让画面有了“动感”

→ 图5-42　不对称构图需要在动态中找到画面的稳定感，不会打破画面构图的平衡

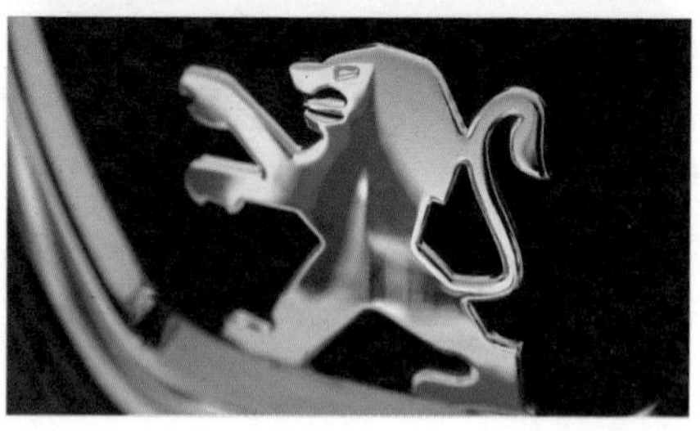

→ 图5-43　不对称构图可以使用画面中的曲线来增加灵感

← 图 5-44　将主体以不对称构图的方式拍摄时，可以起到避免画面死板、沉闷的作用

三分线构图

相机、手机、摄像机里都有构图辅助功能，最多的呈现方式就是三分线或井字格。有些人也把“井”字的形式认为是入门最标准的构图方式，因为四条直线将画面分成九个独立的空间，创作者可以通过横线和竖线来确定画面的分割方式。

直线相交的点被称作“兴趣点”。如果仔细观察那些经典的美术作品和摄影作品，其中重要的表现物往往都被设置在这些兴趣点上进行重点描绘。在欣赏画面时，也会不自觉地看到这个位置，所以在拍摄时要特别注意这些“井”字上的交点。

← 图 5-45　三分线构图方式非常讲究视觉的“兴趣点”。通过合理的布局来吸引视觉的关注，从而达到视觉上的平衡。这种平衡是一种动态的平衡

三角形构图

三角形是稳定的结构，同样三角形构图也可以表现出稳定和端庄感觉，很多的采访画面都使用三角形构图的方式拍摄。

← 图 5-46　三角形的结构非常稳定，在构图中使用往往会让画面有一种堆积感。这种稳重的感觉不但适合拍摄建筑，也适合拍摄人物，通常说的气场也许就是这样的感觉

对角线构图

对角线是长方形内部可以找到的最长的直线。既然说到长度，那么表现空间和时间的长度，都可以通过对角线的构图方式来完成。而且对焦线可以很夸张地表现出近大远小的画面透视关系，对于表现广阔的环境是非常有用的构图形式。

→ 图5-47 对角线构图可以在有限的空间中展现尽可能多的事物，纵深感和信息量都非常大，而且可以把透视的感觉强烈地表现出来

其他构图

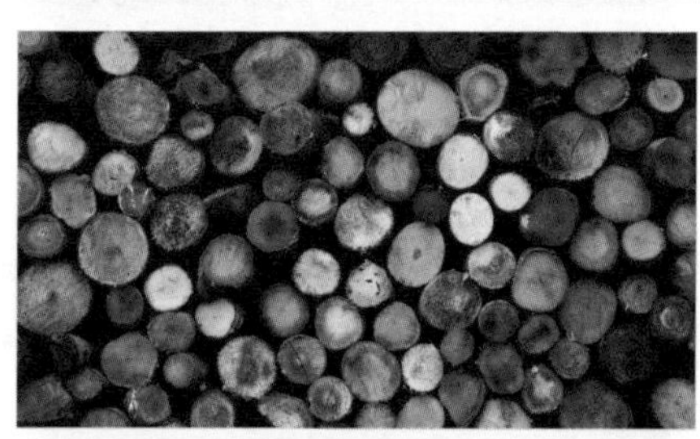

→ 图5-48 散点构图

→ 图5-49 框式构图

前景后景

在拍摄中，画面构图经常会出现人或物之间的前后交叠。在观看时，离观众近的人或物叫作前景，离观众较远的人或物称为后景。

拍摄前景与后景的关系，一般需要用到浅景深，以让前后层次拉开。

← 图 5-50　前景主要有三个作用：增加画面纵深感、引导观众视线和烘托主体

← 图 5-51　在拍摄中，总会有目标主体。例如拍摄人物在山林行走，可以直接拍摄行走这个动作

← 图 5-52　如果想获得有创造力的画面，可以在人物置身的空间中再加上一层内容。例如可以找到一个角度，让人物在草丛后行走，同时用浅景深的方法让前景的草丛朦胧虚化，那么整体就有一种纵深感，画面也得到了装饰

← 图 5-53　前景和后景都是清晰的，那么整体就犹如一张纸片，没有纵深感

使用大光圈长焦镜头，让前景与后景的距离拉大是营造前后景层次的常用手法。相比而言，手机的画幅小，又多是广角镜头，所以在前后景的表现上就比较一般了。

这类画面使得稳定器和滑轨等设备有用武之地，前面介绍的关于稳定拍摄的方法，也能在前后景的拍摄中得以实战。在短视频中，采用这个方法拍摄，能大大提升影片的画面观感。有意地寻找前景、设置前景是对画面关系的调度，是拍摄能力进一步提升的体现。

→ 图5-54　在拍摄前后景关系的画面时，配合机位运动，让前后景有空间变化，使画面显得更加有纵深感

横屏和竖屏的构图差异

刚才提及的构图，大都是横幅的情况，但由于智能手机和短视频平台的普及，竖幅逐渐开始流行。之前的篇章中曾介绍到，如果是采用相机、摄像机拍摄的竖幅，一般是9:16的宽高比，因为我们在拍摄时，只是将机身旋转90度。很多手机App拍摄的也是9:16的画面。

对于取景和构图，相比横幅，竖幅最大的不同是上下的画面空间会被拍到得更多，这样就经常会有一些不合适的景物被拍下来，迫使你不得不重新构图，或放弃一些元素，或是通过镜头组接的方法来完成拍摄。

在竖屏拍摄时，如果需要拍摄双人对话的画面，并且需要将双人同时收入画面中时，要么需要两人站得非常近，要么就会在画面的上下留更多的空白，这对于构图是很难取舍的。此时，应该以拍

摄能表现故事情节的画面为主，再考虑构图，或者用运镜等方法解决。

但是，我们也可以利用这一点拍摄一些横幅不容易实现的画面。比如在窗台，楼上与楼下对话的画面，竖幅就会更加合适。在画面中有竖方向的引导线时，竖幅也在构图上更具有冲击力。

← 图5-55 双人同时入画的镜头对于竖屏而言不宜过多，可以考虑切成单人画面，再进行镜头组接

5-4 焦点和景深

焦点

焦点就是画面中最清晰的点，也是观看画面和拍摄画面的视觉重点，在短视频中焦点是非常重要的。经常看到这样的画面，茫茫人海，谁是主人公一目了然，视觉判断的根据就是焦点，正因为焦点的运动和人物运动的重合，观众才能正确锁定这个最关键的人物。焦点的任务就是引导视线，让观众了解画面的重点，关键信息都要依靠焦点来体现。

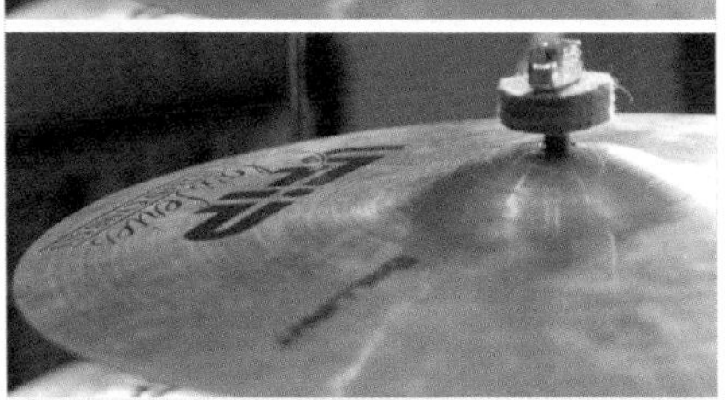

← 图5-56 在繁杂的条件下，可以通过焦点来引导观众的视线，即使再繁杂的画面，都可以使用这样的方式化繁为简，甚至可以用虚实结合的方式来创造视觉效果

对焦

焦点有两种控制模式，一种是自动对焦，另一种是手动对焦。自动对焦功能可以通过机身的芯片运算来完成，手动对焦则可以通过聚焦环的游移选择来寻找焦点。在拍摄中还可以使用触碰液晶屏完成触控对焦。

短视频创作中可以选择不同的焦点来表现同一个场景，拍摄出前实后虚和前虚后实的焦点移动的镜头，既满足了视觉的运动感，又可以很好地交代环境和空间位置关系。

景深

对于景深可以理解为，画面中景物清晰的深浅程度。当清晰的程度小即是景深浅；当清晰的范围大即是景深广。景深是由焦点的位置向前后扩展的，可以充分展现出画面的空间感。在很多影片中都可以看到前虚后实或者前实后虚的画面，这就是通过焦点在景深范围内的移动而形成的空间关系变化。

短视频的景深控制的方法在影像拍摄中是相同的，即：① 大光圈（光圈数值小）景深浅，小光圈（光圈数值大）景深大；② 广角端（镜头焦距数据小）景深大，长焦端（镜头焦距数据大）景深浅。

通过这样的组合可以得出光圈和焦距的搭配关系，需要浅景深

→ 图5-57　右侧两张图中，上图的景深浅，只有中间的狮子清晰，焦点前后都比较模糊；下图的景深大，在这个范围内的狮子都是清晰的

就是用大光圈和长焦镜头，这适合拍摄人像或需要重点突出的物体；要景深广阔就使用小光圈和广角镜头，可以一览无余地交代空间关系。

还有超景深，将焦点设置在无限远的位置，使用小光圈和镜头的广角端进行拍摄，这样可以随时保持拍摄画面的清晰，尤其便于抓拍。

← 图 5-58　从图中可以看出随着光圈不断缩小（数值不断变大），景深会不断增大，大光圈拍摄时无法看见的铁丝网，在小光圈拍摄的画面中非常清晰地表现了出来

景深的应用

在具体的拍摄过程中，构图、角度、景别都是宏观的表达，景深和焦点则是微观的表达，它们的搭配可以让拍摄的画面愈加丰富。

在景深的运用中，首先要明确为什么要让画面有虚实的感觉？景深范围内的就是清晰的，景深范围之外的就是虚的。虚是为了更好地突出实，给出视觉观察重点。如果说焦点是一句话的关键词，那么景深就是关键的短句，是划出重点的那条线。

景深还可以屏蔽不需要的画面信息，在画面中大量的使用浅景深，有时就是为了虚化掉不必要的元素，强调画面中清晰的部分。

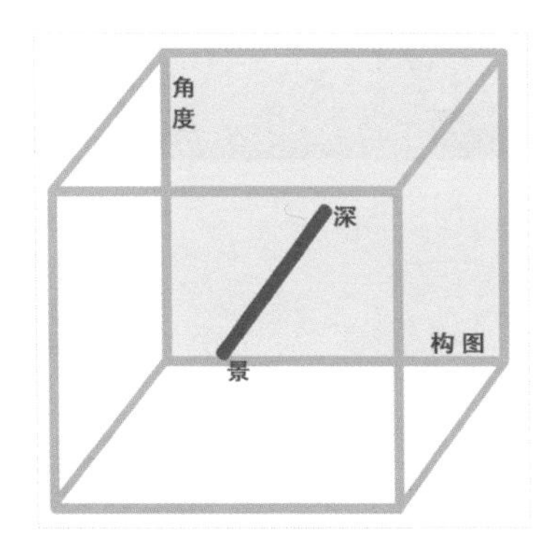

← 图 5-59　无论构图、角度、景别怎样变化，这些观感都是平面的，但景深可以让画面产生立体感

5-5 色温和曝光

在短视频创作过程中，画面不但要有合适的构图、运动路径，在画面表现中光线的运用也是非常重要的，只有懂得用光才能明确影调和氛围的设置。

色温

色温是一个非常严谨的科学话题，在第一次接触这个术语时很容易直白地联想成“色彩的温度”，从而认为红黄色这样的暖色调代表的就是高色温，蓝白这样的冷色调代表的就是低色温。

→ 图5-60　冬日下午的蓝天白云拥有很高的色温

其实恰恰相反，红色（暖色）属于低色温，蓝色（冷色）属于高色温。同时，在理解色温的时，一定要注意它与色调的区别。

→ 图5-61　色温2500K

→ 图5-62　色温3200K

← 图 5-63　色温 4300K

← 图 5-64　色温 5600K

← 图 5-65　色温 6000K

← 图 5-66　色温 7000K

← 图 5-67　色温 8000K

→ 图 5-68　色温 9000K

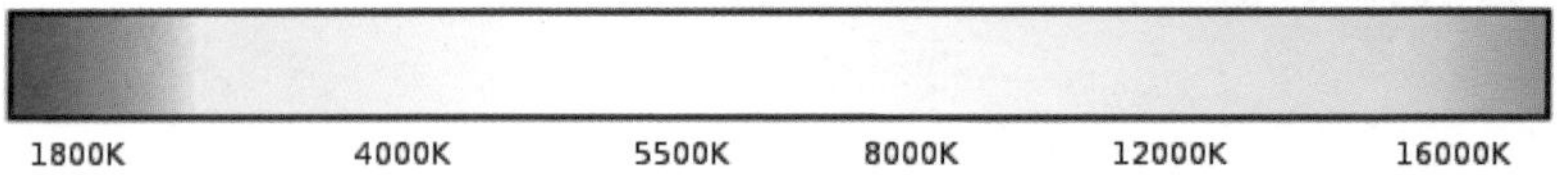

1800K　4000K　5500K　8000K　12000K　16000K

↑ 图 5-69　色温从低到高的演变

这组图片是在阴天的午后进行拍摄的，通过观察，它的正确色温应在 5000K 左右。除此之外还可以观察到一个有趣的现象，使用低色温设置拍摄高色温环境时画面偏蓝，使用高色温设置拍摄低色温环境时画面会偏红。

一些常用光源的色温：标准烛光为 1930K、钨丝灯为 2760K～2900K、荧光灯为 3000K、闪光灯为 3800K、中午阳光为 5400K、电子闪光灯为 6000K、蓝天为 12000K～18000K。

曝光

曝光是影像呈现的关键技术步骤，通过曝光感光元件或胶片才可以得到画面，合适的曝光量控制着影像的明暗。创作者需要针对不同宽容度的感光材质找到安全曝光的方式。曝光可以产生影调，影调这种明暗关系的呈现，才是画面有灵魂的前提。

光的数量

要了解曝光首先要了解光的数量。光的数量怎么才能数得清楚呢？每次拍摄的场景都是特定的环境，每次正确曝光所需要的光线量就是我们认为合适的光的数量。多一分则过曝，少一分则欠曝。

对于光线数量的控制，可以使用两个参数来进行调整：光圈和快门。在短视频创作中，相机、手机和摄像机产品都可以使用曝光补偿的方式对曝光进行微调。

← 图 5-70 正确曝光截帧

← 图 5-71 曝光过度截帧，画面整体偏亮，高亮部分细节全无。我们可以通过缩小光圈，或者调快快门速度，或者也可以使用修改曝光补偿的方式，调整为正确的曝光

← 图 5-72 曝光不足截帧，画面整体偏暗，暗部细节丢失。我们可以适当地增大光圈，或者调慢快门速度，当然也可以使用曝光补偿的方式

假设正确曝光需要的光线数量可以装满一个容器，光圈就是输入光线管道的粗细程度，快门速度就是开启管道让光线通过的时间长短。要让光线充满容器，当光圈大时，快门速度会很快；当光圈小时，快门速度会慢一些。这就是在曝光中光圈和快门速度设置的动态平衡。比如将正确曝光时的快门减少一挡，同时光圈加大一挡，那么曝光量其实是没有变化的。

在保证曝光的前提下，创作者通过光圈和景深的关系以及快门速度和运动的关系来选择具体数据，还可以随心所欲地根据环境组合这些数据。

光线的均衡点

当环境中出现明暗对比非常强烈的情况时，也许就没有办法来完成正确的曝光。解决方案就是通过打灯或者寻找平衡点的方式，把曝光控制在允许的范围内。

这个范围就是由亮到暗、或者由暗到亮的过渡。分析任何一个环境，如果光比很大，那就证明这个过渡很急促；如果光比很小，那么这个环境的过渡就很幽缓。当对小光比环境进行拍摄的时候，如果想要正确曝光那就一定要找到这个过渡的点，以它为基础就可以得到正确的曝光。

→ 图5-73　图5-73～图5-75这三张截帧分别为同一铁丝网格欠曝、曝光正常、过曝的画面。可以明显地看到光线的过渡，即使在欠曝和过曝这样曝光不正常的画面中，也有曝光正确的部分，这也就是说在光线亮度过渡的过程中，只要找到过渡的点，就可以得到曝光基本正常的画面。这个过渡的位置，就是光线在画面中的均衡点

→ 图5-74

→ 图5-75

过曝和欠曝

在进行短视频创作时，过曝和欠曝都在所难免。如果只想着正确曝光，那拍摄的乐趣就荡然无存。既然过曝或欠曝在所难免，那么找到稳妥的处理方法尤为关键。当遇到画面曝光无法判断，或者不知道如果调整的时候，宁可略微欠曝，也不可让画面过亮。

← 图 5-76　在逆光下可以调整曝光补偿，让背景略微过曝，使前景和背景的立体感凸显。我们可以根据光线的不同来随时调整曝光，这是摄像拍摄的特点，需要在拍摄过程中实时调整

← 图 5-77　采用自动曝光功能拍摄，画面曝光匀称，大多数的情况下是值得信赖的

这个原理和数码影像宽容度有关，可以拍明、暗两张不同的图片进行对比，当使用后期软件进行调整时，亮部的信息是无法调出的，即，白色的过曝部分无论怎么调整都依然是白色。而暗部则只要不是完全黑到没细节，在一定程度上仍然可以调出暗部的信息。

5-6 光影造型

在拍摄时需要判断光的方向，才能利用光来营造艺术效果。这对于短视频的创作是必备的基本功。

光的方向

光的方向需要考虑光源、被摄物、镜头指向这三者之间的关系。光照射的方向和镜头指向一致叫作顺光，如果相反则叫作逆光，根据位置的不同还可以有侧光、侧逆光、顶光、底光等。

顺光

顺光拍摄时，光线与镜头的朝向一致，光线照射到物体的正面。顺光是很容易表现物体或人物正面效果的光源。

→ 图 5-78 在顺光拍摄时，物体的阴影在它的正后方，基本上会被物体本身遮挡，所以这样的画面中，不会存在比较大的反差，但也没有立体感

→ 图 5-79 顺光比较适合拍摄大场景，曝光容易控制，但是画面太平

侧光

侧光拍摄时，光照和拍摄主体形成一定的夹角。拍摄到的画面会形成强烈的明暗对比，能够营造出非常强的视觉冲击力。

→ 图 5-80 侧光的光影比例可以通过光源和拍摄主体的位置关系来进行调整。用光的目的是曝光，用影是为了造型。侧光的画面立体感要比顺光好许多

侧逆光

在侧逆光时镜头是迎着光线拍摄，但并不正对光线。此时拍摄主体只有小面积着光，大面积则处于阴影中。

→ 图 5-81 侧逆光对于刻画轮廓，展现立体感都有很好的效果，多作为辅助光出现

逆光

逆光拍摄时镜头会正对光源。这时拍摄主体会呈现出非常明显、均匀的轮廓。逆光可以让主体与背景分离，这也是逆光的常用用法。

↑ 图5-82 逆光环境产生的剪影效果

↑ 图5-83 逆光造成正面细节丢失，虽然情绪表现力很不错，但需要补光，以保留更多的画面信息

5-7 保持运动

图片与视频的不同就在于视频呈现的是画面的连续运动，这也是视频拍摄的核心问题。尤其在短视频的拍摄中，想在几秒内吸引人，采用运动画面是很有必要的。

固定镜头

↑ 图5-84 固定镜头的广角远景，常用来交代故事的发生环境

固定镜头，顾名思义是采用固定机位拍摄的画面，可以夸张地认为监控探头拍摄的画面就是固定镜头。

固定镜头呈现了很强的客观视角，常用来强调环境。

固定镜头并不是静止画面，虽然机位不动，但是画面内的人或物体是持续运动的。采用固定机位所拍出的长镜头是很多电影大师所喜欢的诗意画面，具有客观性和仪式感。

→ 图5-85 固定镜头的反复跳跃剪辑，可以建立画面的节奏感

运动镜头

运动镜头可以改变景别、位置和画面层次。运动镜头让画面富有变化，动感十足。短视频的运动拍摄纷繁复杂，各种镜头酷炫震撼，但拆解镜头组合后发现，它们其实都是由基本的运动关系组合而成。

推拉镜头

推拉镜头可以通过变焦的方式获得。推镜头是通过变焦，使被拍摄物体不断放大的过程；拉镜头是变焦过程中使物体缩小，环境变大的过程。

摇镜头

摇镜头是指拍摄机位不动，拍摄过程中通过改变镜头的指向来进行拍摄的方法。一般会使用三脚架或者摄影师以手为轴来拍摄。

→ 图5-86
推镜头可以突出被摄主体，给观众以方向或者细节的指引

← 图5-87
拉镜头在空间中通过画面环境变大的效果，表现被拍摄物体与环境的关系

→ 图5-88
摇镜头可以通过观察重点的不断变化，展现环境的宽广空间

← 图5-89
摇镜头可以用来反映拍摄者的主观视线变化的过程

移镜头

移镜头是将机位架在可运动的物体上，进行水平方向运动的拍摄。可以使用滑轨、稳定器、平衡车等辅助设备进行机身整体的位移。

同样都是改变画面内主体物和环境的关系，对于采用变焦距方法的推、拉镜头，经常带有主观强调的成分，而用机位前后移动的移镜头方法拍摄的画面，更能表现出客观性。

另外用移动机位的方法拍摄，能够带来画面的空间变化，但变焦距则无法达到这种效果。在影视作品中，移动机位的使用率一般会高于变焦。

→ 图5-90 移镜头主要用来表现拍摄对象与环境之间的关系，或随着移动来改变视线的关注点

跟镜头

跟镜头是拍摄机位始终跟随被摄主体一起运动的拍摄方法。

跟镜头与移镜头的区别在于，用跟镜头拍摄时，机位的运动速度和被拍对象的速度是相同的，而且被拍物体在画面中的构图基本不变。

→ 图5-91 车拍画面中常常使用跟镜头

升降镜头

升降镜头类似于移镜头，只是在空间变化上强调的是高度位置变化。

← 图 5-92 升降镜头移动的方向为上下运动，它的实现的方式和移镜头是类似的

5-8 拍摄模式

自动模式也叫傻瓜模式，这个方式不需要做太多的设置，直接按下键拍摄即可以保证画面质量。全自动模式和全手动模式之间，没有好与不好，只有是否适合。选用哪种模式，并不是由拍摄水平决定的，而是由拍摄场合决定的。

全自动拍摄模式

手机、相机、摄像机都有全自动拍摄模式。那么哪些场景适合使用全自动拍摄模式呢?

为了解答这个疑问，需要了解全自动模式是对于哪些参数做出了自动化调整。

自动曝光

全自动模式下，测光操作是自动的，测光的方式也是自动的。在确定曝光参数前，设备会进行测光，测量画面整体的明暗程度，再以此自动调整曝光的参数。

测光之后，拍摄设备在全自动模式下会自动调整曝光参数，这其中包含快门、光圈、曝光补偿，某些专业设备带有电子ND滤镜的，自动模式还能调节ND。

→ 图5-93　对于像使用逆光大广角拍摄这类场合，由于光比特别大，自动测光经常是错误的。使用手机拍摄逆光时，经常会拍到剪影效果

自动白平衡

全自动模式下，白平衡操作是自动的，机器会自动选择相匹配的色温标准。不过在环境有明显色温改变时，会拍出色彩还原不准确的画面。

在短视频创作中，自动白平衡经常会随着环境色温变化而变化，对于长镜头这显然不适合的，因此自动白平衡也不适合在色温变化较大的场合使用。

→ 图5-94　在日出日落时，周围的环境都是暖色，但是在自动白平衡模式下，机器很可能将暖色抵消

自动对焦

全自动模式下，焦点的选择和对焦都是自动完成的。由于采用自动对焦方式，在景深较浅时，焦点容易失焦。

← 图5-95　在光线充足且均匀的环境下，全自动模式能够有很好的表现

在有充分的时间对画面精雕细琢时，手动模式会更加贴合需求。当拍摄事件转瞬即逝时，全自动模式必然是更适合的方法。合理的应用全自动模式，可以大大提升拍摄效率。

滑轨的全自动拍摄

很多影像设备中都配置有自动拍摄，使用它们进行自动拍摄，可以省时省力，轻松拍出震撼的画面。

使用电控滑轨自动拍摄，可以实现电动滑动，还可以实现延时摄影等特殊拍摄效果。

↑ 图5-96　只需指定好参数，滑轨就可以完成间隔拍摄。在几个小时的延时拍摄中，如果没有自动功能，手动几乎是不可能实现的。配合电控三维云台，可以组合拍出更多花式的镜头设计

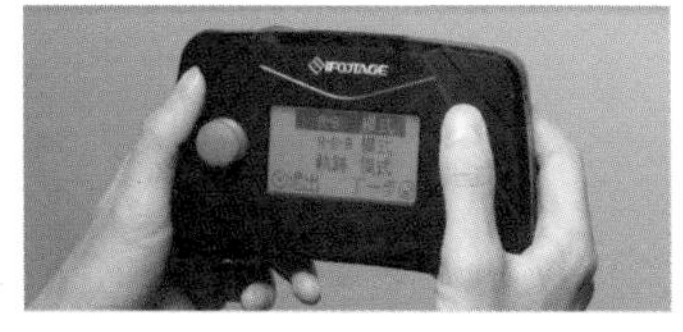

↑ 图5-97　电控滑轨的另一个典型的用法是重复运动，即，在A、B两点间自动来回滑动

一键出片

对于自动拍摄，后期剪辑也可以自动化的全流程操作，一键出片。对于自动剪辑，手机App做得比较成熟。

↑ 图5-98 剪映软件打破传统的剪辑方法，可以按模板规定好的数量进行拍摄和智能剪辑

↑ 图5-99 完成拍摄，剪映会自动帮你根据模板生成短片

↑ 图5-100 现在必剪、quik等很多短视频App里，也都具有一键出片的功能

↑ 图5-101 quik软件界面

5-9 拾取声音

声音对于短视频的表现力与画面同等重要，而且可以直接把关键信息明确地在短视频中表达出来，是短视频非常重要的信息要素。

声音常识

关于声音有三个要素：响度、音调、音色。

响度

响度反映声音的强弱。响度与声波的振幅有关，可以从声波的波形上看出振幅。振幅越大，响度越大，波形振幅就越高。反之振幅越小，响度越小，波形振幅就越低。很多专业的视频剪辑软件或音频剪辑软件，都能够显示出波形，即响度的形状。

音调

音调反映声音的高低，男声一般频率较低，女声频率较高。后期对于声音的调整也是基于这个原理，通过对均衡器里各频率做出调整，搭配出和谐的声音环境。专业剪辑软件中都有这个设置，有些App中的变声功能，也主要改变的是音调。

音色

音色反映的是声音的品类，也就是每个人或物体发出声音的特有品质。

掌握这几个基本知识点，就能在优化音频时，有目标的进行调整。

录音系统的设置

声音的收取有好多种方式，与收音环境和声音设计有关。主流的短视频拍摄工具都有声音系统，机身都集成有麦克风和回放喇叭。虽然不能完全保证声音质量，但是对于现场的记录还是很有价值的。

手机和相机多配置全指向麦克风，来自四面八方的声音都可以采集到。很多摄像机还配置有变焦式麦克风，对声音的拾取方式如同镜头对于画面的拍摄方式那样，可以进行变焦。如果镜头在广角端，那么拍摄的画面就很宽广，信息量很大，这时变焦麦克风就扩大收音角度，可以收取和广角端镜头同样角度的声音范围。如果镜头延伸至长焦端，那么拍摄的画面就窄小许多，信息量小，变焦麦克风就缩小收音角度，发挥麦克风的指向性收音效果。

如同变焦麦克风思路，创作者在进行短视频的声音设计时，也可以采用这样的思维，使环境声和镜头的宽广度形成统一。

→ 图5-102　在相机中，麦克风设计在机头部位，即使不用外接麦克风，机身麦克风也可以拾取到可用的声音，不过操控相机的声音，有时也会被收取进去

→ 图5-103　如果对录音有更加精准的要求，可以使用外接麦克风，这就需要使用到机身上的MIC端口

→ 图5-104　使用相机的声音菜单，可以完成简单且实用的录音设置

第 6 章

制作篇

6-1 剪辑思路

短视频的创作由来已久，国际上早就有知名的“一分钟电影大赛”。短视频创作既没有脱离影视创作的规律，也并不是凭空出现的产物，所以在拍摄与剪辑思路上，借鉴前人的做法是很有必要的。

电影学习中，有一个常见的方法叫作“拉片”。可以通过解析作品，分析镜头的内容、景别、调度、运镜、机位、剪辑、声音、表演等，将它们记录下来，发现其中的闪光点，然后应用到自己的作品当中。

内容创作方面可以拉片，流程方法也可以借鉴。如果你真的“装模作样”地翻拍一个电影桥段，就会发现要想拍得好，就需要深入细致地分析很多细节。除了拍摄，创作者还“不得不”在灯光、服装、道具、化妆、美术等元素上花功夫，还需要学习更多元的内容，在剪辑上，也要能领悟到对方的精妙之处。所以参考其他影片的制作思路，不仅有必要，而且是能快速提高影视素养的好方法。

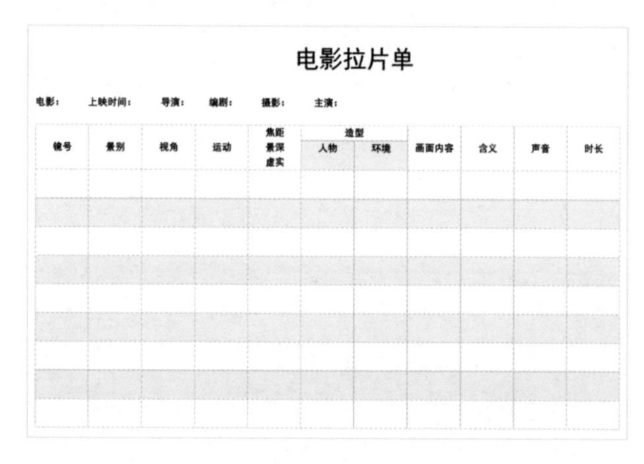

电影拉片单

电影： 上映时间： 导演： 编剧： 摄影： 主演：

镜号	景别	视角	运动	焦距 景深 虚实	造型		画面内容	含义	声音	时长
					人物	环境				

→ 图6-1 常见的电影拉片表格

但“参考”并不是一味地进行翻版，尤其是对于短视频的拍摄，因为每个人的条件是不同的。有的人只有手机，有的人有更为专业的设备，有的人只能自拍自剪，有的人身后有拍摄团队。短视频的创作，需要根据成本、技术水平进行取舍，找出其中适合自己的方法。

6-2 软件选择

很多炫酷的画面效果，其实并不是由专业软件完成的。在很多短视频的制作软件中，内置大量的素材和特效模板，即使不会制作特效，也可以使用它们得到专业的画面效果。

短视频和影视工业有很大的区别。初学者完全可以不用熟识Premiere、Davinci Resolve、AfterEffect、Cinema 4D这些软件，因为有更加友好简单高效的剪辑软件，如剪映、必剪等，它们一样可以帮助创作者完成剪辑出片的工作。

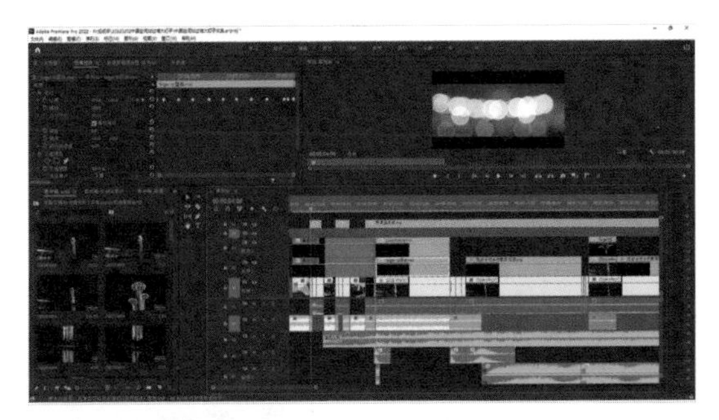

← 图6-2　Premiere的剪辑界面

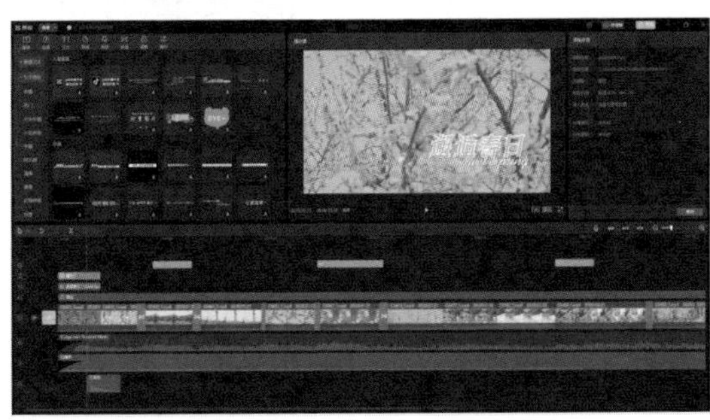

← 图6-3　剪映的剪辑界面

传统影视的工业流程在这些软件中经常会被改变。毕竟短视频创作者并不需要长流程制作和管理，这些软件做出的优化，能降低后期制作门槛，也更适合传播。

剪辑

在拍摄后会得到大量的素材，那么这些素材如何形成影片呢？剪辑就是按照对影片呈现的想法，对素材进行取舍、组接的过程。剪辑可以按照事件发生的顺序，也可以打乱顺序。剪辑是对前期创作的一次再创作，因此法国新浪潮电影导演戈达尔说：剪辑才是电影创作的正式开始。

如同“剪辑”二字所描述的，“剪”和“辑”是相辅相成的。剪，意味着需要舍弃与影片无关的成分，删减多余的镜头。辑，则是需要按照特定的想法，对内容重新加以组接。

无论在剪辑上采用什么手法，它的核心思想都是加强影片的主题。在看一些影片时，经常看得一头雾水，不知具体要表达什么。对于这类短视频，一方面在拍摄前并没有形成影片的整体思路；另一方面，也可能剪辑思路出了问题，使得剪辑后的影片没有中心思想。

在剪辑时一定要充分理解影片的意图和风格，当遇到素材与内容相违背时，一定要通过内容情节来把握。经常会遇到很多镜头都舍不得剪掉的情况，这时考验的就是对情节的理解，以及对影片的创作思考。

↑ 图6-4　选择合适的画面完成镜头组接

调色

在影视工业流程中，调色会细致地分为校色、一级调色、二级调色三大步骤。

校色，是为了将影片还原出真实的颜色。比如红就还原为红，蓝就还原为蓝，白色就还原为白色。

一级调色中，会对整体的色彩倾向进行调整，比如整体地调整高光和暗部的配比、调整反差或色温等。

二级调色则会针对某些具体的区域或颜色进行单独调整，比如，可以针对肤色进行优化、或针对某些颜色进行色彩的改变。

← 图6-5　影视工业中使用的Davinci Resolve Studio调色

对于短视频创作，大可不必将它分得这么细致。而且在非专业的调色软件中，也不一定能进行复杂的二级调色。对于专业的调色软件业内一般只有两个选择——Davinci Resolve Studio（达芬奇）或Livegrade Pro，但它们的功能过于专业，不适合初学者。

在手机端，其实很多自带的相册，就有强大的校色和一级调色功能，能从整体上调整曝光、高光、阴影、对比度、饱和度等。

如果对风格化有自己的想法，那么很多视频剪辑软件或App，都有丰富的调色和滤镜供你选择。

另外，在手机端有一个叫作“泼辣24”的专业调色App，对于理解了色彩构成的专业玩家，可以助你实现更复杂的调色。

↑ 图6-6　iPhone中自带的相册就可进行丰富的调色

↑ 图6-7　美图秀秀视频编辑功能中的滤镜

↑ 图6-8　泼辣24中的调色选项

包装

视频包装一般用来对内容进行美化和加强，也可以用来对视频进行修饰。包装最常用的地方就是影片的片头、片尾、人名条、标题条、画面中的标记等。让原本普通的图文，用更加有冲击力、更加炫的视觉效果来表现，便是包装的主要作用。包装的主要目的就是增加视觉效果，对于短视频，包装可以让画面更有新意。

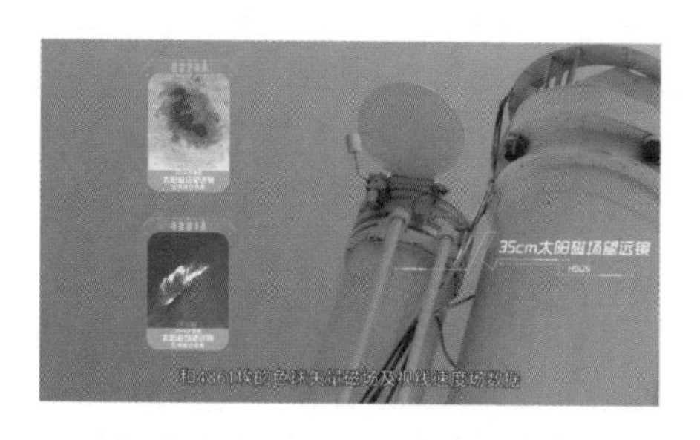

→ 图6-9 使用包装加强画面的表现力

包装有二维的和三维的，实现软件不同。对于专业影视级别的包装，制作软件最常用的莫过于AfterEffect（简称AE）。

↑ 图6-10 AfterEffect的制作界面

现在很多短视频剪辑软件为创作者带来大量的模板，比如剪映就内置了非常丰富的动画，套用后稍改文字就可以使用。这类App的出现可谓颠覆了传统包装制作方式，在日常短视频制作时，极大地降低了处理的难度，是非常值得推荐的用法。

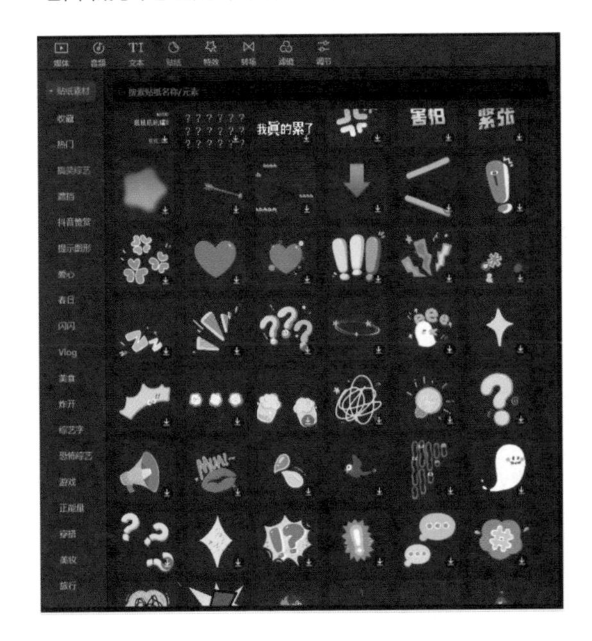

← 图6-11　剪映中的部分贴纸素材

特效

视频特效的涵盖范围特别广，但总体说来，视频特效可以用无中生有的方式来总结，即不是采用拍摄的方式，而是用后期制作的方式来呈现的画面元素。最常见的例子如在漫威电影中看到的各种超能力、科幻片中的各种宇宙飞船，就都是使用特效来制作的。

当然并不是所有的特效都这么高端。在短视频制作中，常用的文字特效、转场特效、绿幕抠像等都属于特效的范畴。最普通的淡入淡出也是一种特效。

例如B站中有的“UP主”会在短时间内采用大量的特效，整个短视频全程高能输出，让视觉冲击力达到顶峰。这类视频虽然不一定有很明确的核心内容，但是视觉冲击力强，也具有很好的传播性。

特效一般是与包装组合使用的，所以用来制作包装的软件，经常也用来制作特效。很多剪辑软件如Premiere，都会自带一些特效，比如各种转场特效、画面特效等。

在剪映、videoleap等短视频制作软件中，也带有大量的特效模板给大家使用，为日常短视频的创作极大地提升了效率。

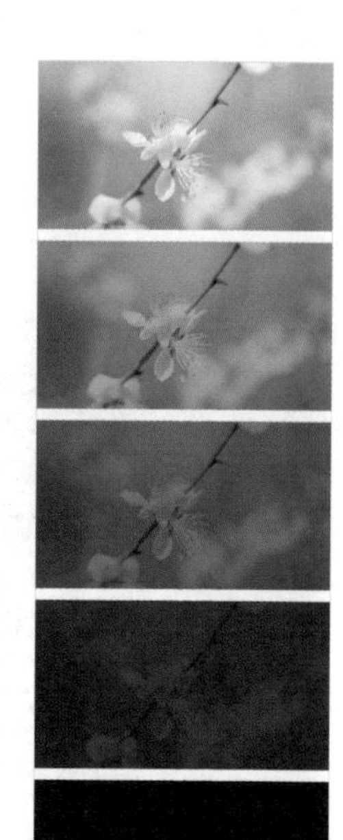

↑ 图6-12　短片中常见的淡出特效

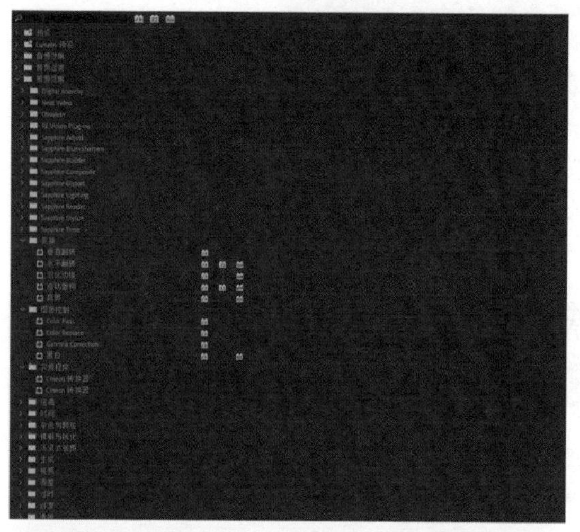

← 图6-13　Premiere中自带的特效与安装的插件特效

← 图6-14　剪映中的特效面板

6-3 软件推荐

以上介绍可以看出，无论是剪辑、调色，还是包装、特效，影视制作中采用的技巧和原理，在短视频制作中依然适用。但是短视频也有它的特点，即，更加凝练、直接、快速，以分享为目的，因此软件的选择当以制作的便利性为前提。

短视频制作中，对于软件的要求不仅需要效率高，而且效果同样需要出彩。不论是对于普通创作者，还是影视专业人士，以下这些软件都很值得推荐。

剪映

剪映是字节跳动公司旗下的一款软件，针对短视频制作进行了优化，删除在专业软件中很多不需要用到的功能，简化剪辑的流程。剪映拥有电脑版和手机版，能够满足绝大部分短视频的剪辑需求。剪映最大的特色就是拥有大量的在线素材库和模板，从视频素材、音频素材，到文本、贴纸、特效、转场、滤镜，都能一目了然地呈现并直接使用。

剪映的操作非常简单，对于零基础的创作者非常友好。本部分先以电脑版的剪映（剪映专业版）为大家简单介绍一下使用的方法和流程。

用抖音账号登录剪映。进入后首先会看到项目的汇总界面，“剪辑草稿”会显示参与制作的短视频项目。上面的“开始创作”则是开始剪辑的入口，从“开始创作”进入。

← 图6-15 电脑版剪映的主界面

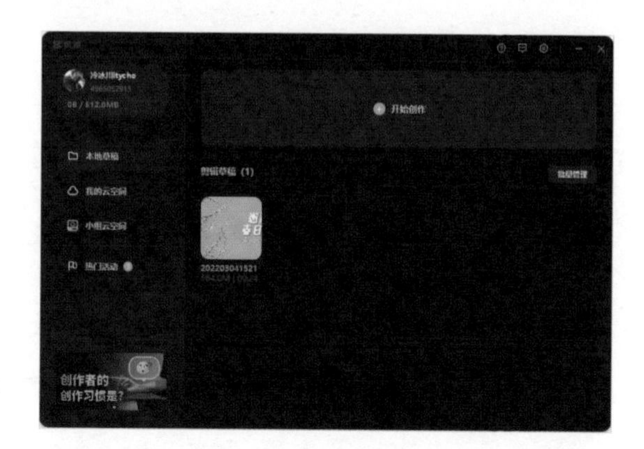

→ 图6-16　进入电脑版剪映后的项目汇总界面

↑ 图6-17　电脑版剪映的菜单栏

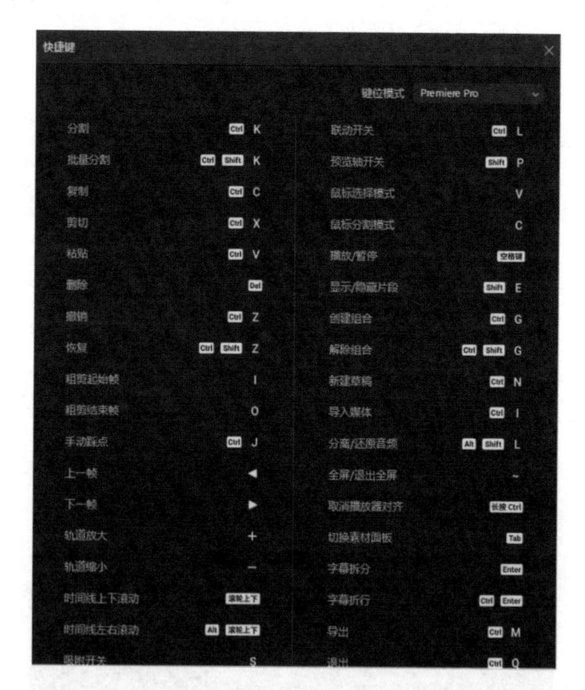

→ 图6-18　电脑版剪映的快捷键方案表

进入后的界面就是剪辑的主操作界面了。它可以分为几部分，最上面一栏是菜单栏，还有快捷键方案，进入后可以看到有Final Cut Pro X的方案和Premiere Pro的方案，有这两个软件使用经验的人，一定对这些快捷键非常熟悉，这也让上手剪映如同信手拈来。当然对于不熟悉的创作者，用鼠标也能解决所有操作。在右边则是导出，是输出影片的按钮。

← 图6-19　导入剪映中的本地素材

← 图6-20　剪映的在线素材库

图6-19和图6-20所示的是剪映最精华的素材与模板窗口，可以看到按用途分为了好多类，默认展现的是媒体-本地，创作者需要将用于剪辑的视音频素材放到这里。而点开其他选项，就能看到剪映的精华，极其丰富的在线素材库，每一类都是针对短视频整理的，而且鼠标划过都能预览效果。这比自己找素材显然方便得多。

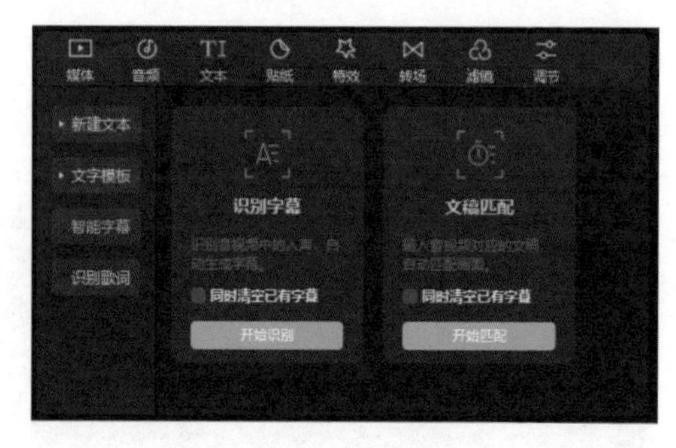

→ 图6-21　剪映中的智能字幕功能模块

尤其需提到的是，在“文本-智能字幕”部分，有着剪映的王牌功能，即“识别字幕”和“文稿匹配”。识别字幕能自动识别视频中的人声，自动生成字幕。文稿匹配是在有稿子的情况下使用的，能根据识别到的人声，对应稿子的文字，将它们生成字幕同时与视频对位。这非常适合给按解说词读旁白的短视频自动上字幕，准确率很高。只要校对一遍，就可以完成字幕的添加。

→ 图6-22　剪映的播放器窗口

→ 图6-23　剪映中的示波器显示

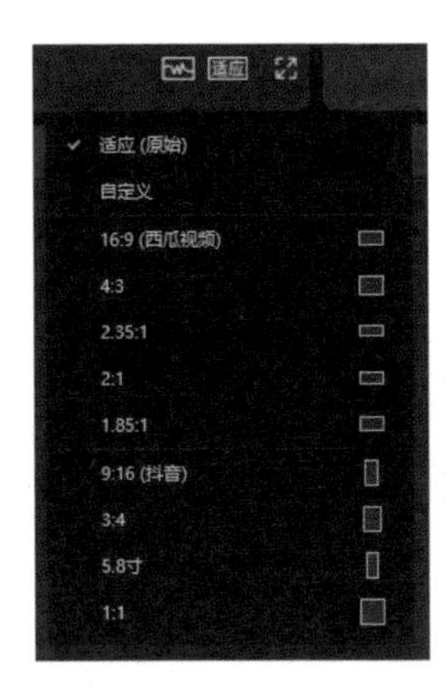

↑ 图6-24　剪影中的画面宽高比设置

图6-22所示的是播放器窗口，用来观看剪辑的画面。这里只有一个播放与暂停按钮。另外，这里还有两个很实用的功能，示波器——画面比例。示波器主要用来监看调色，左侧和中间的是亮度示波器，右侧的是色度示波器。如果亮度示波器的波形到达最上端，说明这部分画面是全白，或已经调到亮度溢出了；如果波形到达最下端，说明这部分画面是全黑画面。色度示波器则用来监看色彩倾向与配比。这两个示波器适合于有调色基础的人使用。示波器按钮右边的画面比例则用来设置画面的宽高比，横屏与竖屏也在这里设置。

图6-25所示的是属性窗口，在时间线上使用的所有素材，包括视频、音频、文本、特效等都有自己的属性，比如视频的缩放、音量的大小、文本内容等。对这些属性的修改就在此操作。

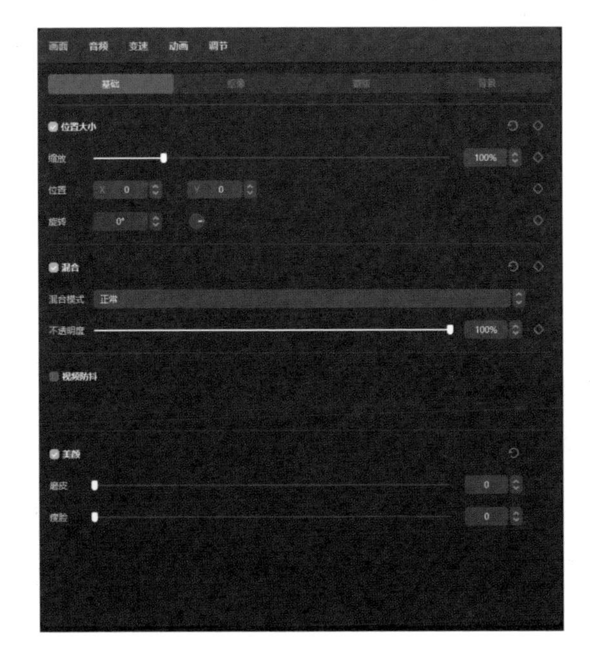

← 图6-25　剪映中的属性窗口

对于文本的属性，如图6-26所示，同样也有一个剪映的王牌功能“朗读”，可以通过字幕文本来人工合成语音。“朗读”功能的合成效果非常流畅，而且能够用一些方言进行配音合成，甚至可以根据音乐自动变调，是一个非常实用的功能。

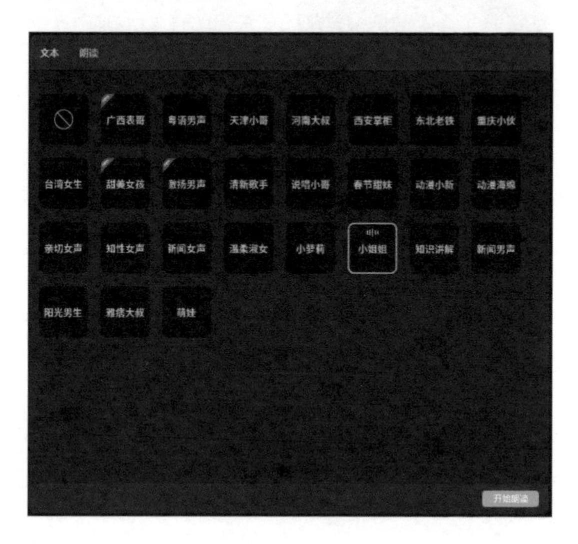

→ 图6-26　剪映中由文字朗读语音的朗读窗口

剪辑操作就是在时间线上进行的。所有的素材都会按各自的轨道呈现在时间线上，包括从素材库中添加的文本、特效、贴纸等都会有相应的轨道。创作者要做的就是在时间线上对每个素材进行分割、重新组接、添加特效转场和滤镜、添加字幕等操作。在时间线上，随着鼠标移动，还能看见有两条竖线，它们称作游标。其中一个游标随着鼠标的移动，可以在播放器窗口看到画面的改变，另一个游标可以通过鼠标点击来固定位置，当做参考点使用。

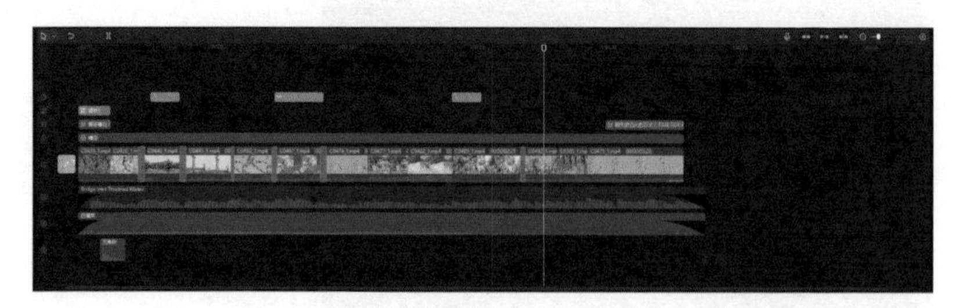

↑ 图6-27　剪映的时间线窗口

在时间线的左侧，可以看到制作封面的按钮，在其中同样也有很多模板可以选择。

↑ 图6-28　剪映的封面制作窗口

另外，剪映的快捷键已经精简得非常少，因此推荐全部掌握，这样才能在剪辑中提高效率。

整体而言，剪映的操作界面比较直观，很容易学习使用。在剪辑中要做的操作流程基本如下。

1. 在素材窗口—媒体—本地，导入待剪辑的视音频文件。

2. 将上述视音频文件，拖到时间线位置。

3. 如果需要将文字自动合成语音，在这一步添加文本，并将它们“朗读”成语音。

4. 在时间线上进行剪辑。

5. 按需要添加特效、贴纸、滤镜等元素。

6. 如果没有字幕，在这一步添加文本，并在智能字幕位置进行识别。

7. 制作封面。

8. 导出视频。

9. 或在软件中可以直接发布到抖音或西瓜视频。

以上是电脑端剪映软件的简单介绍。对于剪映的手机App，它的操作理念大同小异，只是针对手机和触屏有一些特有的功能和操作优化，比如可以直接拍摄视频，可以录屏，可以同时有提词器的功能，也能够一键成片。其中提词器功能非常值得推荐，在使用该功能进行出镜解说拍摄时，可以在自拍时看到文稿，使拍摄的效率大大提升。

在操作时，手机App的操作原理和电脑版是相同的，在屏幕的最下方，同样可以看到文本、贴纸、特效等选项。稍有不同的就是添加视频素材的功能，放到了时间线的最右侧。在使用手机App时，由于手机的屏幕较小，所以有些轨道在不使用的时候会临时折叠，帮助用户更好的操作。

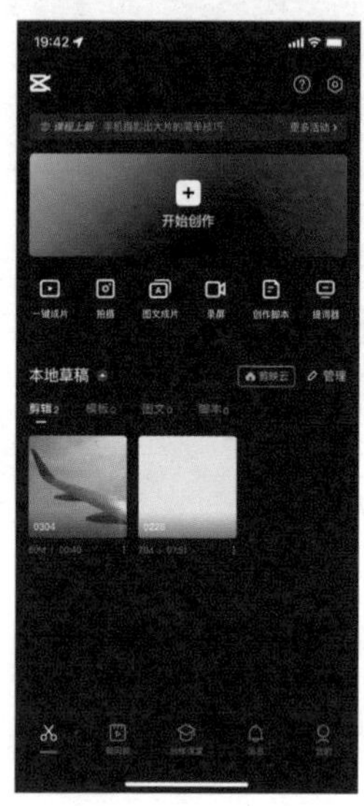

↑ 图6-29　手机版剪映App的开始界面

↑ 图6-30　手机版剪映App的剪辑界面

快剪辑

快剪辑是360公司旗下的一款剪辑软件，正如它的名称一样，剪辑速度快，操作效率高，非常适合于轻量化快速的剪辑。

电脑版快剪辑软件有“专业模式”和“快速模式”两种模式，这在剪辑前需要确认好。因为可以从快速模式切换到专业模式，但反之则不行。在快速模式中，快剪辑采用的是引导式的操作。它的界面非常简洁，最上栏是菜单栏，只有新建项目和“我的项目”（曾经剪辑的项目）可选择。中间左侧是播放窗口，右侧是素材窗口。下边则是故事板。

在剪辑时先在素材窗口添加素材，然后将素材拖拽到故事板上。

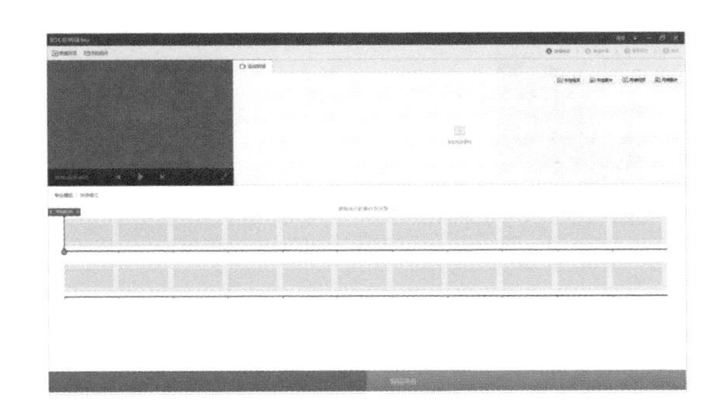

← 图6-31　快剪辑快速模式的界面

接着双击故事板上的画面，就可以对视频素材进行具体的设置。在这里可以对素材进行截取，添加文字、贴图等操作。这些元素的位置与出现时长都可以进行调整。

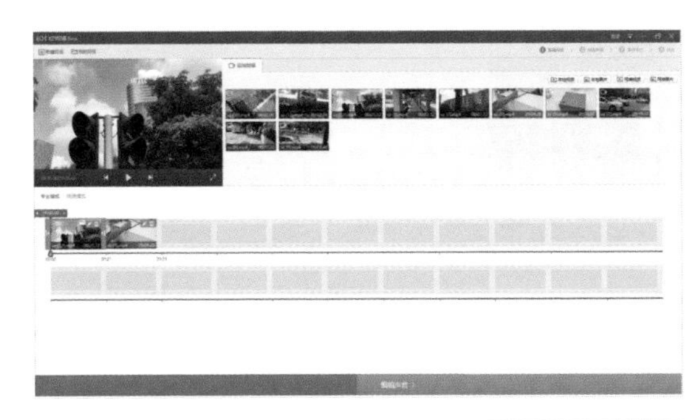

← 图6-32　在快剪辑快速模式中将素材添加到故事版

← 图6-33　在快剪辑快速模式中对素材进行设置

接下来跟随引导，点击编辑声音。在声音编辑界面可以添加自带音乐，也可以手动添加本地音乐。音乐的效果可以在左侧的属性面板中选择。

→ 图6-34 在快剪辑快速模式中添加声音

接下来就可以将视频导出了，此时需要对短视频的质量参数进行设置。快速模式仅需要这三步操作，因此对于简单视频的编辑，它的效率是很高的。

→ 图6-35 在快剪辑快速模式中进行短视频导出

如果使用专业模式，那么界面中的功能就更加齐备。用户可以在右侧看到所有添加素材的方式，同时下面的故事板也变成多轨时间线。但是操作方法还是类似的，在素材窗口添加本地素材，再拖到时间线上。同时可以在音乐窗口和音效窗口找到合适的声音素材，并且还能添加字幕和滤镜等。

在时间线窗口可以对素材进行分割。时间线上的每一个片段，都可以双击进入详细的编辑界面，编辑方式与快速模式中相同。剪辑完成后，接下来就可以进行视频的导出了。

整体而言，电脑端的快剪辑软件是一款简单易学的剪辑软件。虽然它的功能还有提升的空间，但是也能满足普通视频的剪辑需求。

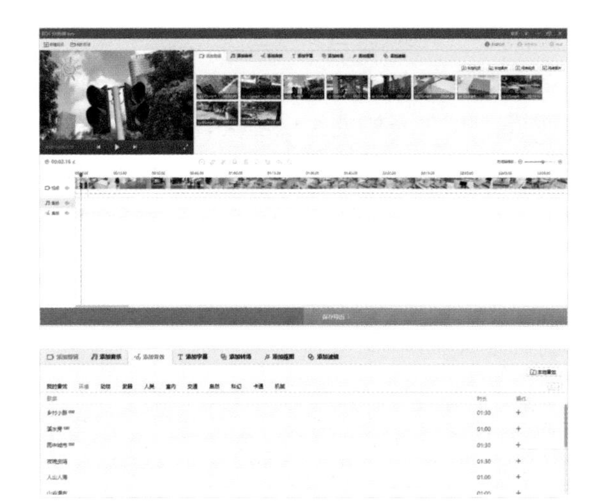

← 图6-36　快剪辑的专业模式界面

← 图6-37　快剪辑专业模式中的音效素材界面

6-4 音乐先行

对于短视频来说，由于其影片时长和结构的特点，因此无法用大量时间来做铺垫，基本上开篇就既要叙事又要有吸睛的爆点，所以画面和声音，包括背景音乐（BGM）均需要迅速吸引住观众。因此对于短视频剪辑，背景音乐的选择至关重要。短视频剪辑的第一步就是选音乐，这对于设计影片节奏和结构大有帮助。

音乐风格决定剪辑节奏

背景音乐的风格非常多，节奏也有快有慢，选择的依据主要是背景音乐需要与短视频的场景和主题相吻合，要与视频的氛围相对应。比如现在拍摄的场景是商场，那么选择的音乐就应该是节奏偏快、比较活泼的音乐。如果拍摄的是数码产品的测评，那么可以用科技感比较强的音乐。

背景音乐还会起到情绪烘托作用。例如画面的内容是浪漫的场合，那么选择由萨克斯演奏的音乐，总能烘托气氛。例如画面的内容是展现大型工程，那么选择宏大的、带有鼓点的管弦乐，更容易带来自豪感。旅拍短视频的节奏和情绪大多是由背景音乐带来的。

比如欢快的音乐一旦响起，那么这段旅程自然就呈现出欢乐的情绪。

音乐的节奏与画面的节奏是互相影响的，对于这点需要在剪辑前，甚至在拍摄前就策划清楚。如果需要呈现出快节奏的短视频，那么音乐和对应画面的节奏都会变快，为此创作者就需要拍摄更多的素材，来保证有足够的素材量。因此对于充满未知的旅拍，那么为了能适应各种剪辑节奏的选择，应当尽量在拍摄时多留素材。如果是短视频栏目，那么完全可以在开拍前就计划好节奏，而且在整个短视频中，不一定要一个节奏到底的。

对于长镜头，或是希望展现风景、环境的时候，可以用慢节奏的音乐来铺垫。拍摄运动则对应地可以使用快节奏的音乐。因此对于短视频，尤其是旅拍短视频，很少是用一个背景音乐铺到底的。创作者需要根据不同的场景，不同的情绪，来选择不同的音乐。这样处理会使整个短视频张弛有度，让视频更加精彩。

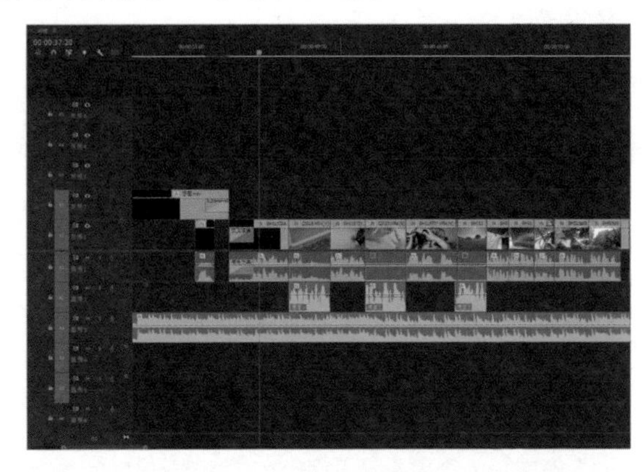

→ 图6-38 快节奏的画面配合快节奏的音乐

选择背景音乐时，也有一些技巧。不带人声的纯音乐适用性广，应该作为首选。当然也可以选择带人声的音乐，利用音乐得到强调或反衬的效果。

找到好音乐

在各大音乐播放软件中，都能找到丰富的音乐。但是由于版权问题，它们几乎都不能直接使用。随着对版权问题越来越重视，如果将短视频用于商业用途，尤其要注意所选的音乐是否会发生版权纠纷。

有几种办法来避免版权纠纷。其一就是从无版权的音乐库中寻找。下面给大家介绍几个无版权的音乐网站作为参考，但这其中的部分音乐不是完全无版权的，需要注意具体的使用范围。此外，在B站搜索无版权音乐，也能得到很多结果。

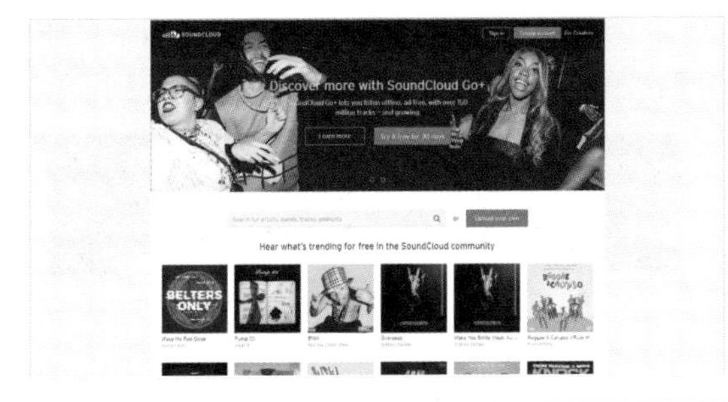

← 图6-39　Soundcloud

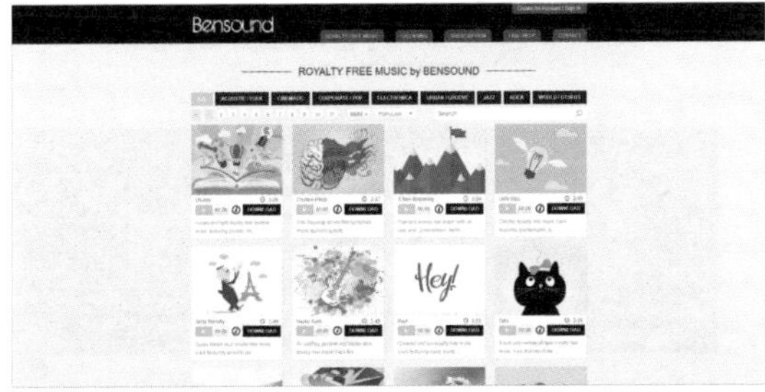

← 图6-40　Bensound

← 图6-41　Purple Planet Music

← 图6-42　Free Stock Music

第二个方法具有一定的使用限制。比如剪映里提供的音乐，制作短视频后发在抖音是完全可以使用的。同样其他平台的剪辑软件，用自带的音乐库做出来的短视频，在自家的平台播放，自然都是可以的。但是跨平台则不能会面临版权问题。

如果你的视频会用于广告等商业用途，那么就需要从版权音乐网站来购买音乐。这些网站不但分类明确清晰，而且还能找到很多国风风格的音乐，因此对于商业用途使用还是非常值得推荐的。

→ 图6-43 猴子音悦

→ 图6-44 MUSENESS

→ 图6-45 曲多多

→ 图6-46 COOLVOX库音

6-5 节奏剪辑

节奏对于画面主要体现在单个画面的时长上，对于声音主要体现节拍的密集度上。不论是影视剧还是短视频，节奏正确可以让观众得到与影片紧密的互动感，节奏混乱则会产生拖沓或不知所云的观感。

短视频比长视频更难制作，因为要在短时间内将内容集中输出，是采用有快有慢的节奏，还是全程高能的节奏，如何做到能抓住观众的注意力并且能明确叙事，都是非常难的事。

在这里给大家以开头、中间、结尾的结构介绍节奏，这样的结构主要适用于故事类型的短视频。大家可以在熟悉以后，再进行各自的发挥，甚至可以尝试打破这个方法，形成自己的风格。

开篇剪辑

短视频的视频开头有很多种展现的方法，强烈建议将整个视频中最能吸引人的部分放在开头，可以抛出问题，可以直接点题，也可以用自己标志性的话术或动作作为开头。当然采用任何形式的目的，都是以内容能吸引人为出发点。

对于自我介绍类的开头，那么节奏的掌握主要在于自我介绍的语速上。在能听清的前提下，适当加快语速，能够引起大家的注意，也显得这个人很有活力。大家可以关注一下粉丝多的“UP主”，他们的语气都是很有活力的。

↑ 图6-47　以提问方式开头

对于非自我介绍类的开头，可以用比较快的节奏剪辑，目的是为了增加视觉感官上的刺激感。如果是旅拍短视频，那么可以用中景、近景的镜头进行堆积；如果是美食短视频，那么不妨多放一些美食的特写。用比较快的节奏和小景别，来增加视觉上的冲击力。

片头对于整个短视频来说，是一个高能输出的过程，因此它的时长不宜过长，不宜在整个短视频中占有较大的比例。在进行点题或抛出悬念之后，就应该迅速进入视频的中间部分。

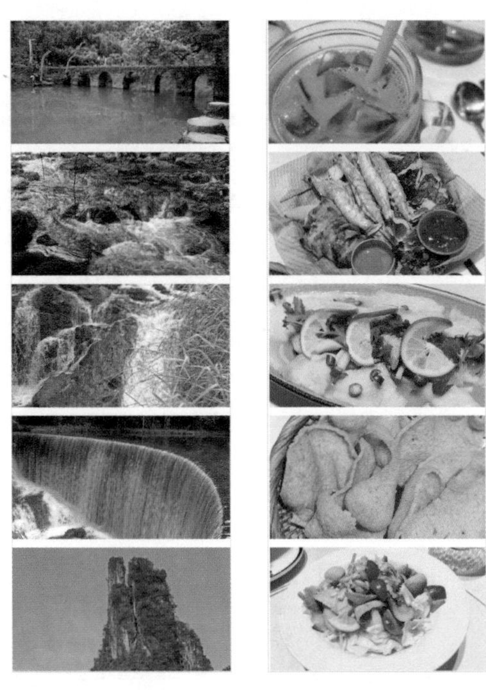

↑ 图6-48　旅拍短视频中以风景开头的示例

↑ 图6-49　美食短视频中以美食特写开头的示例

叙事段剪辑

在视频中部段落需要让节奏慢下来，让开头带来的紧张感得以松弛。此时可以选用比较缓和的音乐，用比较宽广的场景进行节奏调整。比如用航拍或广角镜头下的远景，或用一段延时的空镜头视频来进行节奏上的缓和。

→ 图6-50　使用广角风景来缓和节奏

之后就可以开始进行叙事了。此时的节奏应该跟着音乐走，画面应用来充分说明主题，因此将每个画面保持在3~5秒都是可以的。如果是出镜解说，则可以根据解说的内容灵活调整。整体的原则是清晰明确，不拖沓。

高潮部分桥段的处理是整个影片的点睛之笔。要将短片中最吸引人的情节放在这里。例如旅拍短视频高潮的开始部分，可以是在经历跋山涉水后，看到美景的过程。此时可以让远、全、中、近、特几种景别互相出现，用较快的画面剪辑让大家兴奋起来。

结束段落可以通过大景别画面，配合慢节奏的音乐，来为下一段故事做铺垫。以此循环，直到将整个故事结束。在这几段故事的描述中需要有所侧重，比如将某个情节作为主要事件，其他的作为衬托。这对于短视频来说，是比较有挑战性的，不仅需要在剪辑时引导节奏，也需要拍摄时就有敏锐的直觉，能预判到这一部分将成为短视频的高潮，相应地多拍内容。

↑ 图6-51　叙事部分采用的相关画面

↑ 图6-52　高潮部分采用的相关画面

结尾剪辑

在结尾中一般会使用具有总结性的画面和语言，有两种常见的处理方法。一种方法是顺延上一段的音乐的高潮部分，但是画面节奏需要舒缓地落下来，造成声音和画面节奏的反差，使影片的感情升华。

另一种处理方法则是使用一段新音乐，专门作为视频的结尾。这时音乐就不能采用快节奏了，而应该与上一段形成反差，应用慢节奏的音乐来描述情感，同时使用慢节奏的画面加以配合。此时，使用的画面仍然可以是空镜头，配合各景别进行呈现。最后的落幅，一般使用航拍或远景环境画面，这不仅是短视频的常用手法，也是很多电影、纪录片常用的收尾画面。

→ 图6-53　结尾处常用航拍远景作为结束

6-6 结构剪辑

以上举例的Vlog视频可以发现，基本是按照时间的先后顺序进行剪辑的，即，将视频中先发生什么、后发生什么，依次用视频表达出来，有点像在写作文时，用顺序记叙的方法。除了正叙，常用的记叙方法还有倒序和插叙。写文章时是用文字的形式来表现各种不同的记叙方法，而制作视频则是用声音和画面的形式来表现，思路都是一致的。

短视频风格

短视频的风格与前面提到的节奏和故事结构有关，与短视频的类型有关，与人设也有关。如果是阳光男孩的旅行Vlog，那么整体的风格一般会偏向愉悦、快节奏。如果是温柔女生的萌宠日记，那么整体的风格则偏向柔美、慢节奏会比较合适。短视频的风格与拍摄对象的表现力是有很大关系的。

另外，对于解说分享类、知识介绍类的短视频，视频风格就需要从表现形式来入手了。例如科普内容的知识介绍类短视频，为了

← 图 6-54　旅行 Vlog 适合愉悦快节奏风格

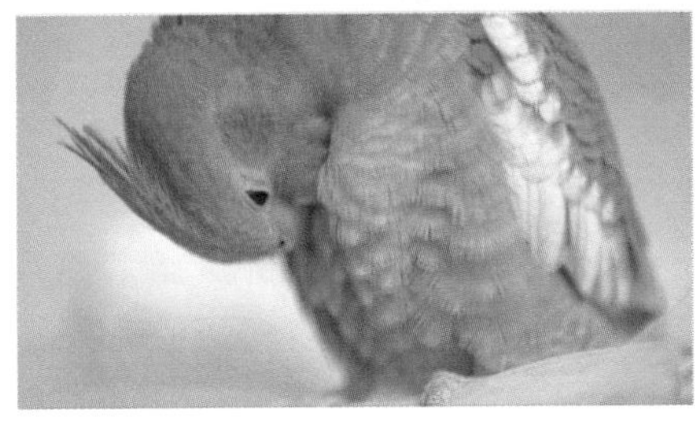

← 图 6-55　萌宠日记适合柔美慢节奏风格

使内容不枯燥，需要让语言通俗易懂，风格轻松活泼，从而让观众能听懂，并且有看完的兴趣。如果是美食制作内容的短视频，由于其目的是将制作步骤明确地传达给观众，所以风格需要平稳一些，以能清楚展现制作过程。

短视频现在正处于百家争鸣的阶段，以上介绍的只是部分经验，更多的风格有待于进一步探索。

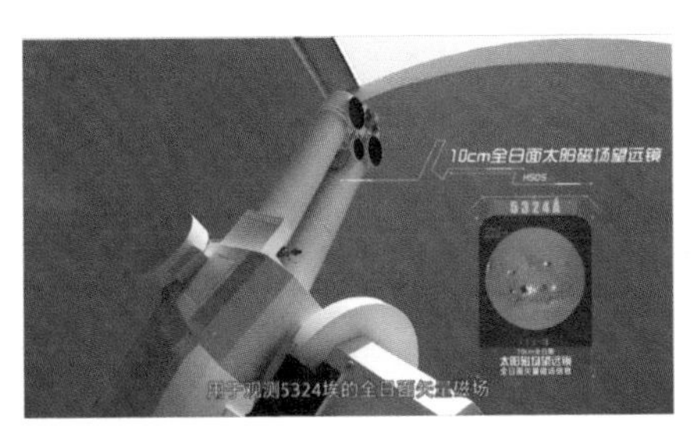

↑ 图 6-56　使用酷炫的包装效果让知识类短视频变得更有趣

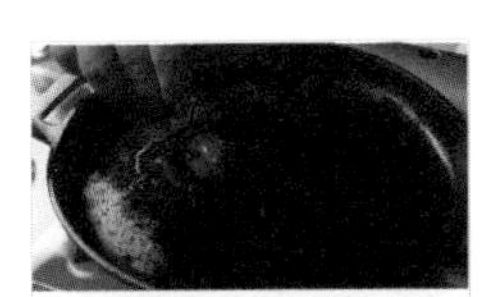

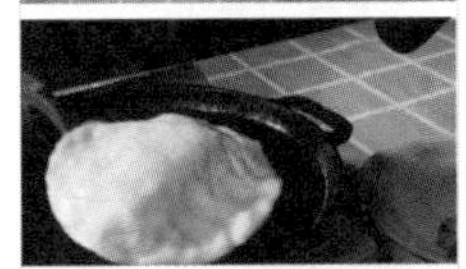

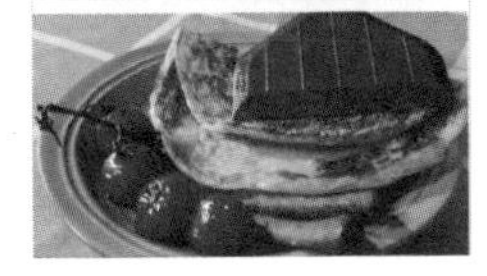

↑ 图 6-57　美食制作短视频需将制作步骤展示明确

故事线设计

对于事件的描述，可以用一个角度，也可以用多个角度来表达。通过描述不同的叙事桥段，利用镜头组接共同完成对主题的讲述，这样的剪辑方式叫作蒙太奇。在剪辑短视频时，会遇到故事线的概念，与小说、RPG游戏的主线和支线概念类似，即，一般指在人物身上发生的事的主要脉络。

对于时间顺序的把握，还可以应用类似于写作时的倒序和插叙手法。在剪辑时可以利用画外音旁白等方式进行倒叙，也可以用黑白画面、模拟老镜头、加文字等方式来构成简短的插叙结构。无论是对于电影，还是对于短视频，这些都是常用的表现方法。

另外常用的故事线设计还有平行蒙太奇，这需要将两条或两条以上的故事线同时表现。在剪辑时可以先出现故事线一的画面，接着出现故事线二的画面。

例如两个人踏上各自的旅程，如果之后他们能够见面，那么这两条故事线就汇合在一起，这时就形成了交叉蒙太奇。这是常见的组织故事结构的做法，可以加强故事线之间的关联，看似故事分散，实则浑然一体。

蒙太奇的表现方式多种多样，但需要提及的是，在制作短视频时，不适合使用太复杂的蒙太奇形式。因为短视频时长较短，使用太多、太复杂的蒙太奇反而会增加时长，而且不容易讲清楚短视频的逻辑。因此，少量的蒙太奇段落作为点睛之笔，加上短平快的剪辑，才是适合短视频的风格。

变速

在视频的节奏和结构处理中，变速是经常使用的方法。在看影视剧的时候，经常能看到在情绪积累到一定程度即将迎来爆发时，用一段慢动作来缓和节奏，用到的就是变速的升格方式。之前的篇章中已经介绍过，升格的画面冲击力强，更具有情感。

升格画面是需要与正常速度组合使用的，有反差才能将升格的画面节奏以及画面蕴含的情感拉满。如果单纯用升格镜头，而没有

↑ 图6-58　正常速度与升格组合使用才能体现慢动作的冲击力，前两个画面为正常速，后七个画面为升格

速度上的差异，那么它只是画面运动变慢而已，无法达到情绪上的画面预期。

对于变速还可以引申介绍慢快门。对于画面呈现而言，快门速度会影响运动效果，快门速度越慢，动作的拖尾就越明显。慢快门的标志性画面可以参考王家卫的电影《重庆森林》。慢快门非常适合用于表现带有情绪的镜头，通过运动模糊，让人物和环境产生反差。这也是将快节奏放慢的一种方法。如果你的短视频中能有一段慢镜头画面，那一定能为你的短视频增色不少。

← 图6-59　慢快门的拖尾效果

6-7 添加包装

剪辑是影片制作的基础。但是只完成剪辑的影片，它的氛围感和现场感是不够饱满的，因此还需要给声音和画面都加上调料，为影片增加味道。音效和包装特效是令剪辑更加具有“风味”的调料，如果想要将短视频效果拉满，音效和包装是非常重要的。

音效

音效是指由声音所制造的效果，能为画面进一步增加真实感、气氛或戏剧感。为什么需要使用音效呢？首先，有的声音比较小，根据影片需要，可以来加强这个声音，从而增加现场感，比如摩擦声、呼吸声等。其次，有的视频中现场环境的声音氛围和影片的设计是不匹配的，所以需要用音效来加以改正。最后，可以为视频添加现实当中不存在的音效，比如转场的“嗖嗖”声。在一段影片中，音效的作用甚至能超过画面。音效是显著提高短视频品质的有效途径。

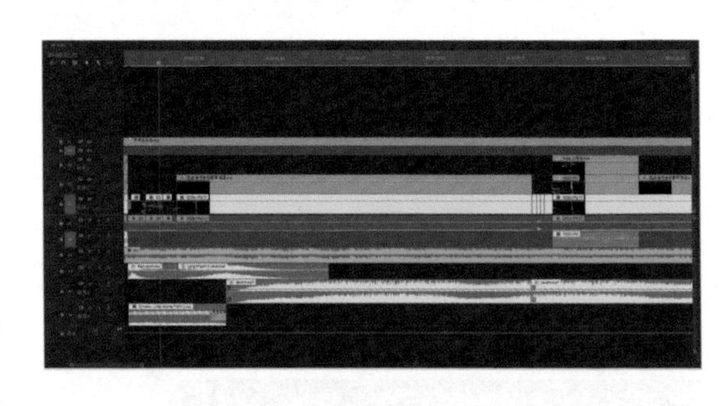

→ 图6-60　在短视频中使用音效（时间线黄色部分）

按照使用的功能划分，音效可以分为氛围音效、真实音效、想象音效。在添加音效时，应当首先从场景的角度来考虑。比如现在的拍摄画面是商场，那么就可以添加商场的喧闹声、环境噪声等环境音效。拍摄城市的画面，那么就可以添加城市车水马龙的车流声。对于这些声音，如果在拍摄时就能按想法捕捉到，那肯定是最好的，如果不能，那么就可以从音效来优化。

另外需要从氛围的角度来考虑音效。比如画面是女孩独自在漆黑的夜晚行走，那么就可以为它添加风声、动物叫声等，来反衬她的心理环境。

想象音效是需要超出画面的框定，用自己的想象力来添加的独有的音效。这类用法在广告中用的比较多，而且是需要与前后的镜头互匹配的。在转场时的“嗖嗖”声，科技类包装出现时的科幻音效，都是这类用途。

包装与特效

在视频的制作中，合理的使用包装与特效，可以让画面的视觉冲击力更强，或起到辅助修饰的作用。本章中所强调的“包装是调料”，指的就是这个意思。在使用包装与特效时，不可喧宾夺主，影响视频本身需要表达的内容。

不论是用AfterEffect专业地制作包装，还是在剪映等短视频制作软件中直接使用包装模板，工作中都需要注意，在一个视频甚至在同一系列的视频中，需要注意包装效果的整体性和统一性。比如需要使用相同的人名条或使用相同的动画样式等。如果包装的样式有过多的变化，很容易分散观众的注意力。

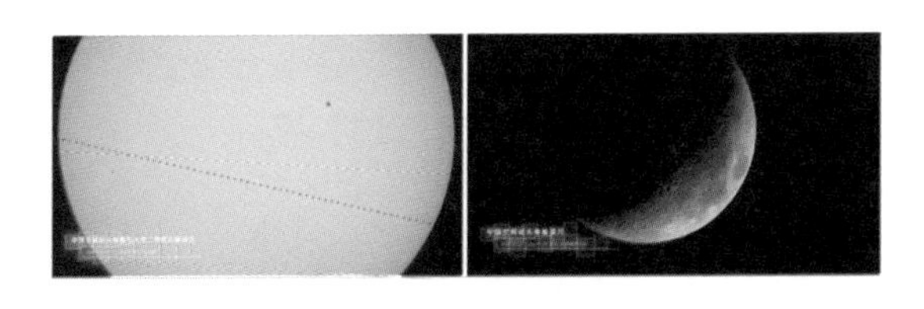

← 图6-61　在同一系列短视频中使用相同包装

对于短视频的包装不要过于花哨，简单清爽就可以了。因为大家想看的是视频的内容，而不是包装这些辅助元素。

← 图6-62　反面教材，包装过于花哨，甚至遮挡了画面主体

另外，包装需要与视频内容相匹配才能锦上添花。比如现在正在制作一个运动类的短视频，那么可以有意地多使用动感的包装元素。再如萌宠短视频，多使用具有可爱风格的道具包装，才能与内容主题相吻合。

→ 图6-63 萌宠类短视频适合可爱风格包装

转场

转场是在任何视频作品中都能使用到的技巧，在剪辑软件中也都有比如淡入淡出等多种转场效果。丰富的转场常见于短视频中，甚至有的短视频本身就是由转场组接而成。但是影视剧中却很少采用转场，大多数镜头都是由硬切衔接的。这是由于影视剧是有丰富的故事和剧情的，前后镜头之间用硬切就可以表达画面的故事内容，采用转场，反而会干扰视听。而对于短视频，尤其是仅作画面展示的短视频而言，由于没有故事，直接使用硬切会使画面过于单调。对于这类短视频，采用大量的转场，实际是为了增加视觉冲击力。

↑ 图6-64 在画面罗列类型的短视频中，采用转场可以增加视觉冲击力

所以可以明确一个结论，如果短视频只是在做画面的罗列，那么可以用丰富的转场来增加视觉表现。如果你拍摄的短视频强调故事叙事，那么硬切是更加适合的做法，采用过多的转场，不但不加分，反而还会有减分的可能。如果叙事性的短视频需要转场，可以设计用无缝转场的画面来串联。

6-8 制作旁白

旁白是视频中的人声的运用手法，由画面外的人对画面中的内容加以描述，说话的人并不出现在画面上。在各类短视频的制作中，大量用到了旁白。旁白可以更好地进行叙述表达，清晰明确；而且旁白配音时只要读稿即可，降低了出镜时带来的难度。

旁白风格

旁白作为一种声音的表现形式，同样是有各种风格的。比如《航拍中国》中的旁白大气沉稳，《人生一串》中的就稍显俏皮，有的短视频旁白带有口音，有的直接使用方言。旁白的风格取决于视频的风格，而视频的风格最终取决于账号人设的风格。比如知识介绍类的短视频，为了使内容不过于乏味，它的旁白应该以口语化为好，语气活泼自然。如果是游戏解说的旁白，那设计为激情澎湃的语言，并多用游戏专业用语更能圈住受众。

自动配音和真人配音

由于现在AI技术的发展，自动配音已经可以实现使用了。现在很多短视频都采用自动配音来解决配音的问题。操作方法也很简单，只要将文本输入软件，就可以由软件自动生成配音。相比于以往的自动配音，现在的自动配音素材，在气口和情绪的处理上更加到位，与真人读的更加接近。

自动配音在方法上属于文字转语音，使用“文字转语音”这个关键词，就能在微信小程序中搜到数十个相关的小程序。数量虽然多，但其实它们都是基于几个内核来进行包装的。迄今为止文字转语音质量较好的软件比如微软Azure，它是微软的云服务平台，其中包含了数百种云服务产品，文字转语音就是其中的一种。微软Azure的设置方法非常简单，粘贴入文本，选择语音和说话风格就可以了。其中的晓晓和云扬已经被训练得非常纯熟，和人工配音差距已经很小了，包括愤怒、温柔等的说话语气都可以模拟。

→ 图6-65　微软Azure的文字转语音服务

在剪映电脑版中也可以进行语音的模拟。剪映的语音风格更多，甚至连各地的方言都有，更加适合短视频，这在软件介绍中已经提及。

当然自动配音与真人配音还是有差距的。自动配音（文字转语音）的情绪比较平衡，所以当遇到感情色彩浓烈的语句时，文字转语音并不能很好地表现出来，而且自动配音没有个人风格和个人色彩。所以当你想分享自己的观点、自己的经历时，使用自己的声音配音会更有亲和力。而文字转语音用在新闻播报类、解说类的短视频中会比较合适。

6-9 辅助元素

在短视频的制作当中，除了刚才所介绍的视音频主体，还有很多其他辅助元素值得关注，有些甚至是在新媒体时代下特有的，而且经常能与运营互相挂钩，因此需要以运营的角度，来进行设计和制作。

封面

短视频的封面一般会显示在视频列表中，是网页或手机 App 中看到视频的入口。如何能在众多的视频封面中脱颖而出，吸引观众点击进入，就是需要考虑的问题。

作为视频的封面，需要将最能展现视频信息的画面完整呈现出来。为了能适应更多的平台对于封面比例的剪裁需求，最好将封面图片的构图选得紧凑一些。如果所选的图片已经能代表视频的主题，那么可以不再加文字。如果你觉得需要用文字来进行补充，那么可以添加言简意赅、吸引人注意的文字。文字注意不能遮挡图片的主题，而且封面图文需要与视频标题的内容相关联。有的视频点进去以后，发现与封面完全不是一回事，就很容易引起观众的反感。这些都是运营上的技巧。

← 图 6-66　直接点题的视频封面

短视频封面有丰富的表现形式。经常见到的成系列出现的短视频，就是其中的一类。这类视频的主题相似，封面也具有相同的样式。这类视频封面有很高的辨识度，吸引观众点击进去观看。

另外，用自拍配合标题作为封面，是推广自己的好方法。

↑ 图 6-67　同一系列的相同形式的短视频封面

片尾

除了封面，短视频的片尾也非常重要，经常能在片尾处看到例如引导一键三连的图标，这也是作为短视频最根本的推广要素。有了一键三连或类似的操作，那么短视频才能更加广泛地传播出去。甚至在B站中，官方还专门针对一键三连做出了按钮，让用户可以更加方便地进行操作。

→ 图6-68　在短视频片尾添加一键三连等引导信息

→ 图6-69　B站专门为一键三连设计的按钮

除了引导点赞关注，视频的片尾还是与观众进行互动的绝佳位置。比如可以对下一集的内容作出预告，简单介绍下期的内容，这样就逐渐将用户黏性培养起来了。还可以与观众进行更开放的互动。

→ 图6-70　在片尾与观众互动

此外也可以在视频的结尾送出祝福。对于短视频，很多人会习惯咨询使用的BGM。因此在结尾写明BGM的信息，也是一种互动的表现。

← 图6-71　可在片尾添加祝福，增加互动性

字幕

在短视频中使用字幕，几乎已经成为了标配。一方面，有的创作者，在解说时带有口音，或有意地使用方言进行解说，那么添加字幕就非常有必要，是正确表达含义的关键途径。另一方面，有些人在观看短视频时不方便外放出声音，那么此时字幕就是他们能看明白内容的唯一方法。因此建议创作者在每条视频中都使用字幕，因为字幕是信息有效传播的有效手段。

← 图6-72　最常见的字幕形式

之前添加字幕是一项枯燥的工作，但现在技术突飞猛进，添加字幕已经非常方便了。比如在剪映中，就可以直接利用“识别字幕”功能，将语音中的文字识别出来生成字幕，同时自动与视频对位。不过用来识别的音频应尽量是纯语音，不要混有音乐或杂声，这样识别出来的准确率会更高。之后再进行查错，整体效率将比手动上字幕大大提升。

在字幕识别完成之后，需要对它进行相应的调整。可以选择更加有创意的字体、样式、动画，使之适合短视频的传播。但在字幕文字的单行字数与位置的设置上，需要注意不要与平台的点赞、评论等字符重叠，并且不要有不美观的换行，这在制作竖屏短视频时尤其需要关注。

→ 图6-73　字幕与平台字符重叠、换行不美观的示例

6-10 输出分享

完成视频的编辑之后，最后一步就是进行输出。这一步中会将所有视频、特效、音频等整合形成一个短片。每个软件的输出方法都各不相同，但相关的参数和整体的操作步骤都是类似的。

输出分辨率的选择

在输出时最基本的参数有几个，分辨率就是其中之一。输出分辨率与观看时的画面锐利度有很大的关系。简单来说，在同一个显示屏或具有相同分辨率的显示屏下，输出画面的分辨率越高，画面越锐利。在选择输出分辨率时，需要与剪辑时间线的分辨率相匹配，这对于专业的剪辑软件Premiere、Davinci Resolve、Final CUT等是必备的参数。但在剪映等针对短视频制作的软件中，有些无法对时间线分辨率进行设置，所以这时就需要将输出分辨率与素材的分辨率相匹配，或使之小于素材的分辨率。

输出分辨率有几种常用的选择，比如720P、1080P、2K、4K等，都是如今短视频平台常用的分辨率，因此主打短视频剪辑的剪映，只保留了这几种参数。而在专业的剪辑软件中，分辨率的选项就比剪映丰富得多，而且还支持自定义设置。720P的分辨率是指1280×720，1080P的分辨率是指1920×1080，但剪映中输出的2K分辨率则指的是2560×1440，4K指的是3840×2160（UHD），这与影视行业说的分辨率2K（2048×1080）与4K（4096×2160）有所不同，如果需要将剪映与专业软件混用时还需注意。

← 图6-74　剪映中的输出分辨率设置

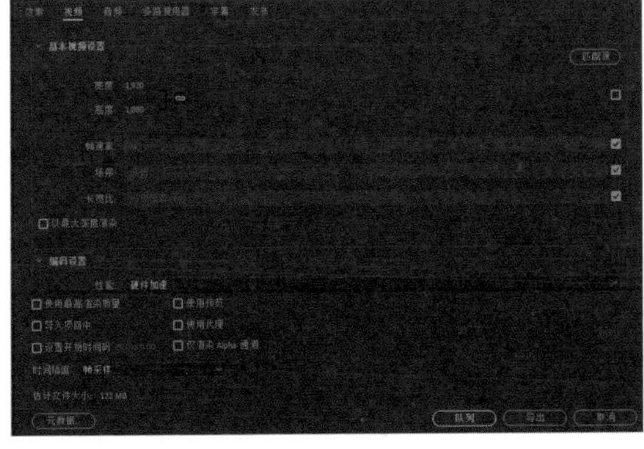

← 图6-75　Premiere中的输出分辨率设置

输出码率与编码的选择

在输出时最基本的参数除了分辨率，码率也是常用的关键参数。码率的作用是用来衡量一秒钟画面对应的数据量的，与观看时画面的清晰度也有直接的关系。码率越高，数据量越大，清晰度越高；反之，码率越低，清晰度越低。例如对比B站的“1080P高码率”和“1080P高清”视频就能看到区别。

在电脑版剪映的输出界面中，分为更低、推荐、更高与自定义四种方式，来对应不同的码率，手机iOS端的剪映则没有这些选项。而对于专业剪辑软件，能在格式范围内对码率随意更改。

对于同一个剪辑项目，输出的码率越高，文件体积越大，需要占用的硬盘空间越多，输出的时间也会越长。很多剪辑软件都会根据设定的参数预估输出时间和文件大小。

→ 图6-76 电脑版剪映中的码率设置

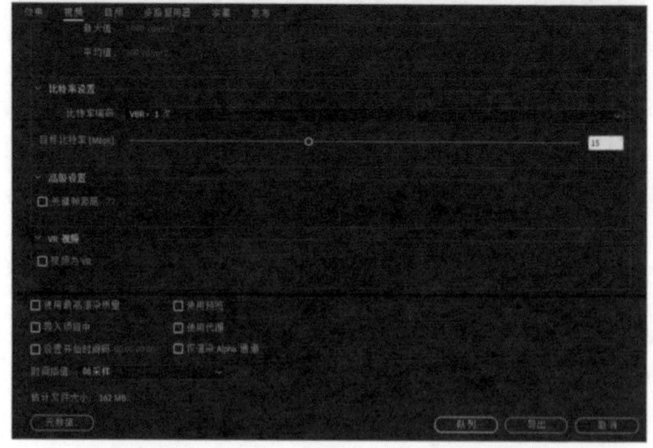

→ 图6-77 Premiere中的码率设置

不过在实际使用、尤其是短视频制作中，码率其实不需要设置得太大。因为在将短视频上传时，平台通常会进行一定的压缩，例如现在B站的1080P高清码率，最高只有3000kbps，1080P高码率最高只有6000kbps，4K可以到20Mbps。这比在电脑端播放常用的1080P时的10～15Mbps的码率要小得多。所以一般采用推荐的码率设置就可以满足使用了。

文件大小除了与码率有关，与编码的方式也有关系。现在一般选择的是H.264编码，这种编码已经非常成熟，兼容性好。另外，作为H.264的升级，H.265（HEVC）的编码也会用到。相比H.264，H.265能有更低的码率，更小的文件体积，更好的画质，但缺点是需要比较新、性能更好的电脑，才可以比较流畅地进行编解码。所以对于时间不长的短视频来说，还是推荐首选H.264编码。这两种编码在剪映和专业剪辑软件中都有体现。

← 图6-78 电脑版剪映中的编码类型

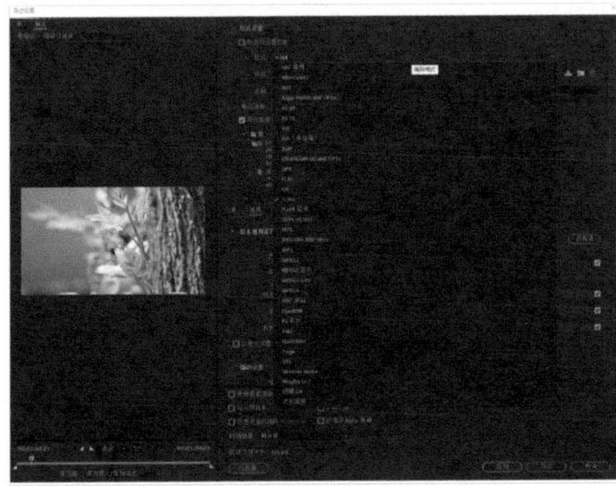

← 图6-79 Premiere中的编码类型

针对平台选择参数

对不同的短视频平台，需要选择合适的视频输出参数。参数太高，可能会不符合上传文件的规定；参数太差，会使画质模糊，影响短视频的观感。由于要针对不同的平台进行选择，因此有时甚至要压制好几个版本，在不同平台上分别上传。

刚才提到的分辨率与码率，都是会对画面清晰度带来直接影响的参数。比如有的平台不支持4K分辨率，有的平台对文件大小有限制，有的平台对文件格式还有限制。所以要根据作品上传的平台规定，并结合自己的呈现意图来选择。例如有的摄影师在创作之前就定下了4K 60P拍摄的目标，那么B站肯定是能承载这个作品的较好的平台，而其他不支持的平台，就需要按条件降到1080P 60P或30P来输出了，这就要在画质和传播上做出妥协。

在输出多版本视频时有一个技巧，可以先输出一个质量最高，超过所有平台质量要求的版本（母版），然后再用它进行其他版本的输出。这样不仅可以给自己留一个高质量的备份，也可以大大节省多版本的总输出时间。

文件大小：	不超过8G *电磁力lv3以上，且信用分不低于60分，则可享受web投稿32G超大文件上限
格式：	mp4,flv,avi,wmv,mov,webm,mpeg4,ts,mpg,rm,rmvb,mkv
视频码率：	视频码率建议20000kbps，峰值码率建议不超过60000kbps（H264/AVC编码）
音频码率：	最高320kbps（AAC编码）
分辨率：	最大支持4096x4096　(120fps)
关键帧：	平均至少10秒一个
色彩空间：	yuv420
位深：	SDR位深8bit，HDR位深10bit
声道数：	≤2
采样率：	=48000

特殊处理：

为了用户更好的观看体验，请注意不要上传后黑，真·后黑，倍速等经过特殊处理的视频文件。

→ 图6-80　B站对上传视频的要求

6-11 素材管理

素材管理是根据一定的规则来进行的。在专业的摄影机中，有一个叫元数据的选项，可以方便地辅助管理。元数据可以包含机位的信息，可以设置机位编号、卷号、拍摄次数等。

在多机拍摄时，可以用A、B等机位编号，来区分是哪一台摄影机的素材。卷号在数字时代可以理解为存储卡的编号，比如是1号卡的素材、2号卡的素材。拍摄次数就是摄影机按顺序自动生成的素材编号，比如第一次记录时是C001，第二次就自动变为C002。在影视制作中，摄影机素材的文件名会以上面三种编号来进行组合，同时加上其他一些字符，这样在整个影视的拍摄中，所有文件的文件名彼此都不相同。

← 图6-81 SONY CineAltaV电影摄影机中的机位元数据信息设置

在短视频的拍摄中，可以用类似的方法来整理素材，但是因为日常拍摄的素材量不大，所以相应设备中几乎没有元数据设置，要求也不用这么严格。但是上面素材整理的思路，是可以借鉴的。

同样可以设置机位编号，或直接通过机型型号来区分机位。存储卡编号可以以卡1、卡2来区分。存储素材的文件夹结构可以以“拍摄时间-机位编号（机型型号）-存储卡编号-卡内素材”来设计。有时为了方便还会在拍摄后，简短附注一下拍摄地点和内容。实际上在影视拍摄中，也是采用类似这样的存储结构。

不过要留意的是，由于相机这些日常拍摄设备使用多个存储卡时，都会默认以比如C0001这样的相同的形式为起始素材编号，因此一定要保证硬盘里所有素材的文件名称是不同的，出现名称相同的情况时，可以使用软件进行更改。

需要在拍摄当天就对素材进行归档和整理，即，每天拍摄完成后，都需要将素材备份到硬盘中，核对素材，然后将存储卡格式化，以免在下一次备份时带来混乱。这些操作对于单次拍摄看似比较麻烦，但在素材量增多之后，就能体现它的优越性了。对于视频创作者而言，拥有一套系统的归档规则，是提高效率的重要保障。

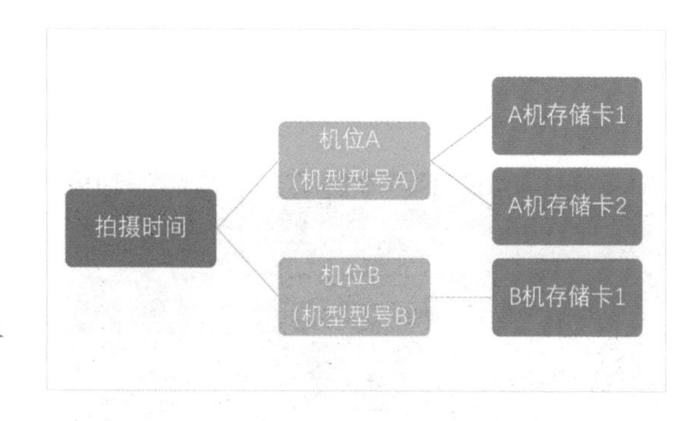

→ 图6-82 短视频可参考的素材归档方式

第 7 章

运营篇

7-1 变现方式

经过起号和养号的过程，现在开始做变现转化，这也是很多朋友关心的话题。大家常看到身边有人在靠短视频和直播盈利，但是很多内容细节都不太准确，有些消息甚至在不断疯传的过程中走了形。所以创作者首先需要理智地面对变现，之后再找准规律来进行选择和投资。

常见的变现方式

短视频常见的变现方式可以大致分为7类，如图7-1所示。创作者不需要把短视频当作一个全新的行业来定义，它的变现方式与以往移动互联网的变现方式是一致的，并没有太多的突破。但是为什么现在短视频变现的话题会这么火热呢？答案就是一直在讨论的流量问题。短视频平台现在是流量的主要战场，所以自然是最炙热的竞技场。

在归纳的7类变现类型中，比较传统的方式是广告变现、知识变现、引流到线下的商业体变现，稍新颖的是打赏变现、电商变现，以及流量变现，比较特殊的变现方式是使用平台变现工具来进行变现，这个方式会因平台的不同而略有差异，但是原理大致还是一致的。

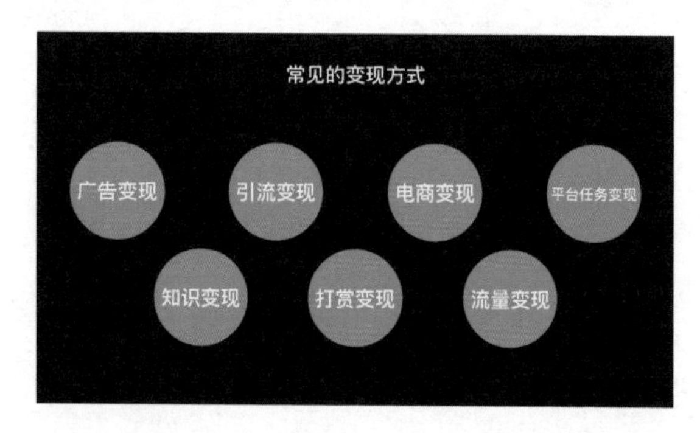

→ 图7-1 常见的变现方式

广告变现

广告变现非常适合网红或者垂直领域的达人。观众可以将达人或网红看作电视台主持人，账号即是他们主理的栏目。如同电视栏目的变现方式一样，品牌展示、植入介绍都是非常成熟的变现方式。

那怎么实现广告变现呢？首先可以在主页上留下联系方式，广告主如果有兴趣，会通过联系方式进行联系。除此之外，还可以去做任务。以抖音为例，粉丝超过10万之后，可以选择达人登录星图。这是一个中介广场，有任务大厅，可以快速地对接需求方和执行方，按照报价和任务要求直接变现。

← 图7-2　巨量星图截图

知识变现

知识变现适合有真才实学的人。以罗振宇、樊登这样的探索者为例，知识付费和知识分享变现已经非常成熟。近几年线上知识分享的热度空前高涨，大量的网课内容非常丰富，网络授课平台的在线技术非常高效，使得在线课程和离线课程的选择面很大，再通过短视频平台的流量加持，知识变现成为稳定的变现方式。不过这种变现方式对于创业者的要求会很高。

短视频平台用户对于价格敏感度很高，所以建议选择群体门槛比较低、延展度比较大的课程选题。策划要找到选题的“最大公约数”，观察一下身边的线下培训机构，他们都是选择了哪些主题。培训机构提供的课程具有实用的属性，在策划短视频时，可以以此为参考，筛选出用户更感兴趣、质量更高的内容选题，比如舞蹈培训、摄影培训、财务和管理课程等。

电商变现

电商变现的本质是在平台上做“货找人”的销售工作，即，B2C或者C2C。机构号可以申请店铺功能，个人号可以申请橱窗功能，依靠短视频的流量形成渠道。这种方法会在之后的篇章里详细介绍，这也是本书读者的主要变现方式。

流量变现

这是很多人不关注的领域，但是市场却非常大。利用短视频加载平台的小程序或小游戏进行推广，或者参与官方的话题任务活动，或参加第三方如“猫眼电影”等的推广分享都可以算作流量变现的方式。具体如何操作，笔者会在之后进行详细介绍。

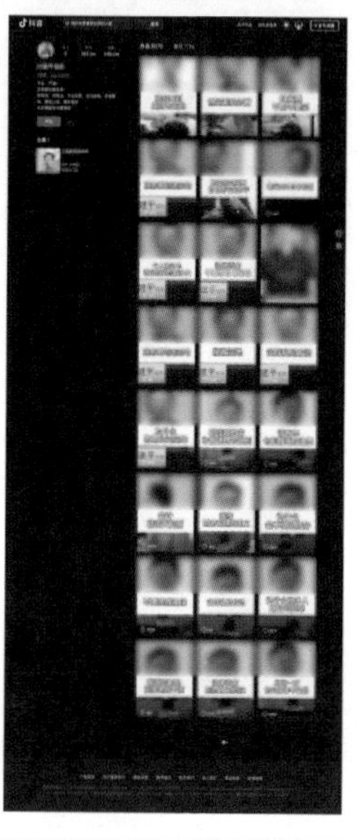

→ 图7-3　例如以讲解税务类专业知识为主的抖音账号

↑ 图7-4　该账号已开通橱窗功能

↑ 图7-5　橱窗内课程商品内容，通过课程引流、销售网课进行变现

↑ 图7-6　抖音搜索“猫眼电影”

↑ 图7-7　点击进入主页

↑ 图7-8　主页中选择想要推广的电影

↑ 图7-9　点击右上角“…”

↑ 图7-10　点击“拍抖音”

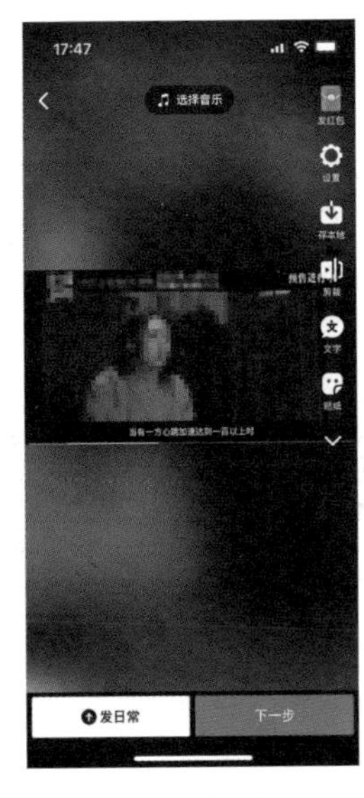

↑ 图7-11　上传视频

↑ 图7-12　发布页面即出现特惠购票功能，从这个入口引流的购票费用即可对用户产生分成

7-2 带货变现

以抖音为例来探讨一下带货的变现方式和运营逻辑。从形式上可以把抖音带货变现分成3大类：短视频带货、直播带货、和私域流量变现。虽然都在抖音平台，但是他们对应着不同的消费场景，变现的特点和产品细节也有所不同。

短视频带货

短视频带货可以理解成在高速公路的休息区超市里进行销售。它的销售方式就是通过大客流量、大数据来做转化，哪怕转化率很低，但是巨大的人数也会让销售额达到惊人的数值。

不过这种变现销售对于产品和应用的场景都非常苛刻的要求。仍以高速公路的休息区超市这个场景为例，创作者根据一下自己的经历思考一下这类销售模式的特质是怎样的？首先，时间短，用户只是经过的匆匆过客；其次，流量大，经常会人多到接踵摩肩；再次，购物的目的性不强，看短视频的目的并不是购物，看短视频的直接目的是打发无聊时间。

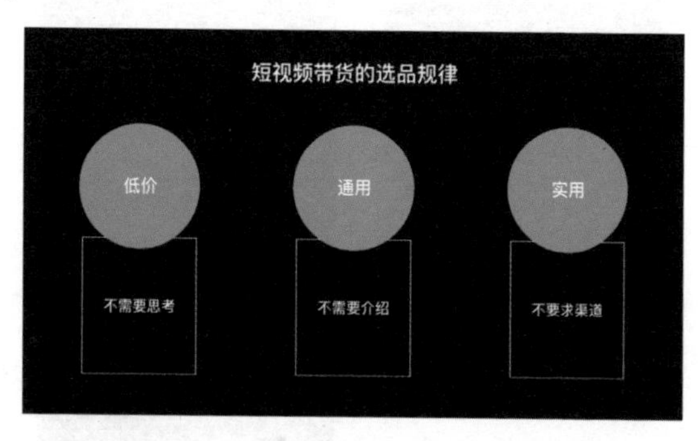

→ 图7-13　短视频带货的选品规律

如何抓住这稍纵即逝的窗口期？如何保证变现转化的概率？这就要求超市的产品有3个基本的特点：

1. 低价，不需要思考，即使是冲动消费也是冲动得起的；
2. 通用性强，不需要过度介绍，一看就明白是做什么用的；
3. 有实用性，经常要用到，而且在哪儿买都一样，不刻意要求渠道。

创作者在休息区的超市里买纸巾的概率要远远高过买手表的概率。纸巾即使有问题，创作者也不会放在心上，也不会折返回去找超市的麻烦。但是手表如果上路后就坏了，那么创作者可能就要从下一个出口调头了。标的不同，在这类场景下的决策是不同的，所以短视频带货对于选品和流量都有先天的要求。

直播带货

直播带货的场景可以理解为社区周围的超市。一些直播达人的空间可以理解为规模大、有品牌的超市，它们的货品会更加丰富，售后会更有保证。一些不知名的直播空间则可以理解为便利店，它们星罗棋布，货品种类没有那么多，基本都是围绕着日常需求来供货。还有特殊的专门品类直播间，比如水果、农产品、茶叶、二手汽车等，它们就像是街面上的水果店、茶店和二手车公司。总之用户看直播都是带有购物目的的。

既然用户看直播的目的是购物，店铺做直播的目的是卖货，那么达成交易的概率就会很高。但是直播的渠道和其他线上线下渠道相比，在以销售为目的层面上有哪些核心的优势呢？坦白说，并不多。

↑ 图7-14　直播售卖茶叶

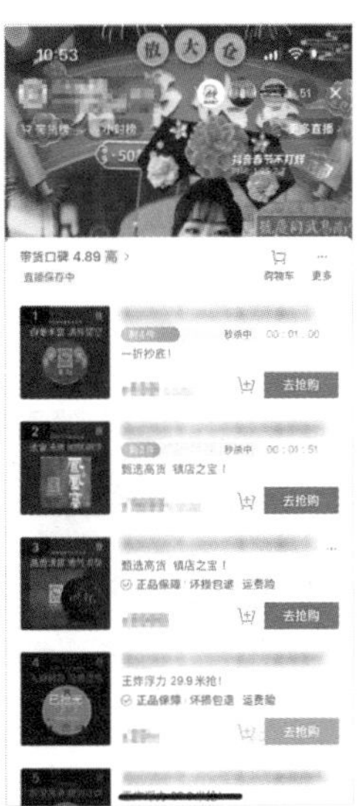

↑ 图7-15　“小黄车”内的上架商品

↑ 图7-16　旅游内容直播带货预订酒店客房

直播只是形式，达成交易的核心点依然是价格。所以直播带货变现的产品依然需要是客单价不高的产品，这样才能达到快速交易的目的。另外，这类产品需要标准化，便于在线展示，例如服装、化妆品、数码产品等。

直播的优势在于它是一座不打烊的超市，而且产品会由主播讲解得极为详细，并且直播的购物体验和互动性也很新奇，另外平台可以作为保障主体，购物也会很放心。但是这对于主播的要求很高，除了专业知识的积累之外，还需要通过话术和节奏的培训来促成转化，这都是具有门槛的。

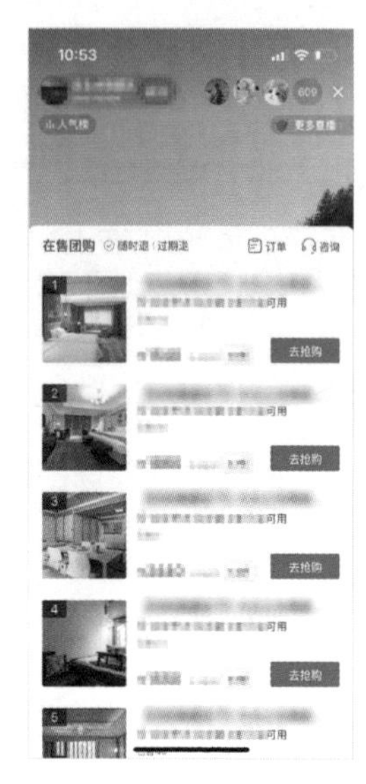

↑ 图7-17 “店铺”中呈现客房资源链接

私域流量变现

但凡转化形成私域流量都必须要有社交这个前提，其售卖变现方式本质是“熟人”推销，短视频在其中的功能只是吸引观众，与观众产生互动，添加对方的联系方式，换言之，就是要想方设法认识到个人。

短视频内容如同一张巨大的网，它拦截和筛选个人数据，找到适合变现的人，然后形成群体。这类短视频是不直接挂产品信息和购物车的，它的直接目的就是加微信，产生熟人关系，这对于运营者的要求很高。以往的微商销售会更加适合这种方式，在人员的拓

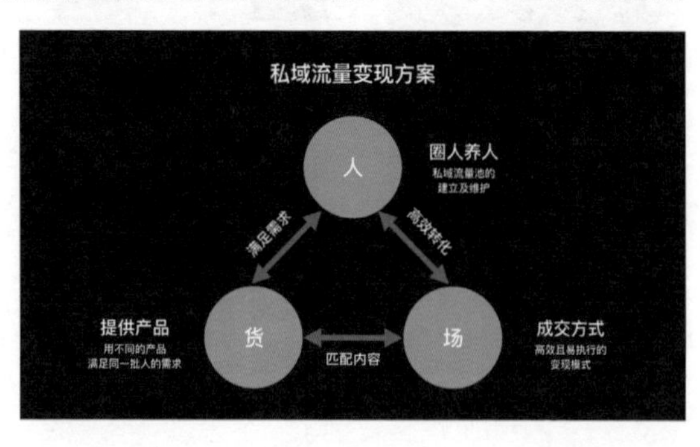

→ 图7-18　私域流量变现方案

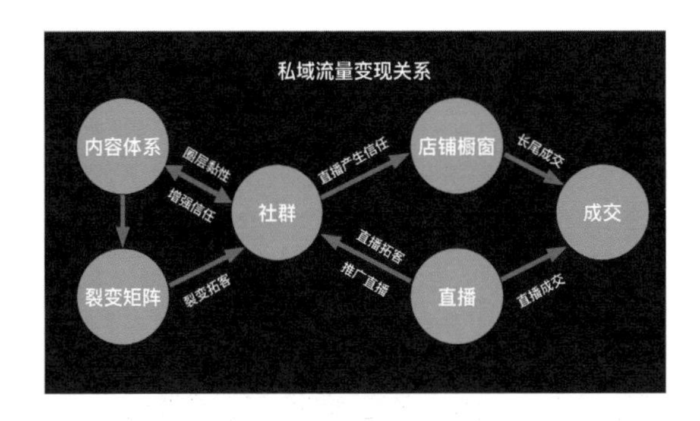

← 图7-19 私域流量变现关系

展和后续服务上他们都更有经验，短视频其实就是他们的获客手段。

私域流量是近期很火爆的词，因为它的变现模式不是随机的，而是圈层社交下的反复变现。很多行业和产品不需要扩大地域宣传，只需要身边、周围、同城体量即可支撑，或者更明确就是针对特定范围进行变现，比如饭馆、美容院、教育机构、茶叶店等。私域流量对于这类线上到线下的转换，或者是高标的产品的销售具有优势。

通过引流的方式形成私域，私域打造的就是人群经济。对于物质极为丰富的当下社会，产品并不稀缺，这就证明产品并不具备价格利润优势。而渠道已经转变成移动互联属性的，它看不见摸不着，但是可以直接集合亿万用户，渠道是在平台手中的。所以当下最具竞争优势的是受众，掌握受众商品才有落地的空间，找到并经营受众人群是具有核心竞争力的变现方式。所以私域流量在近几年一定依然会是热门话题，而且会成为变现的主要方式。

7-3 电商变现

短视频电商的变现思路已经确立，那么具体的操作细节又是怎样的呢？这里只是按流程进行排布介绍，实际的操作方法还需要在实践中逐渐确立。理论就是这样，只能保证大体形态的一致性，但是在不同环境和不同的领域中，就需要使用者自身进行调整把控了。

选品能力

选择的品类是短视频制作的基础，前期策划和内容制作都是为了让粉丝、话题和这些品类形成直接的联系。品类是短视频账号和短视频变现的起始点，是账号主体和消费者之间的价格媒介物。从社会交往的角度看，粉丝是有无限价值的，但是换算成变现环节的消费者，这种价值表现就是销售商品的价格。

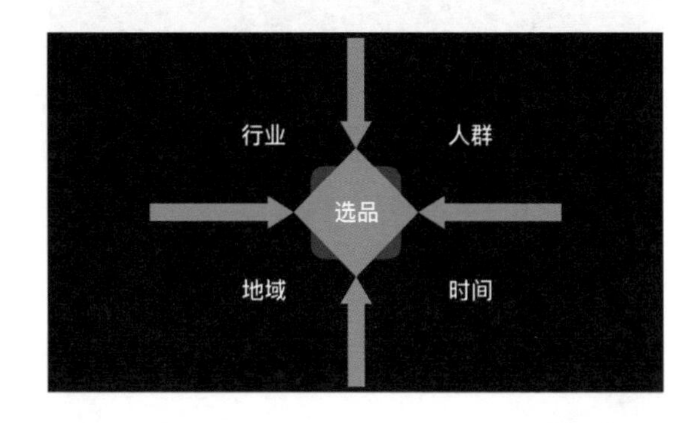

→ 图7-20　选品思维

选品是指在行业分类、人群分类、地域分类、时间分类等不同细分方法中找到最具有竞争力的产品，要经过对受众的不断细分才能获得具有绝对实力的产品。面对庞大数量的人群，产品的能量不可能大到全部将他们囊括，但是在相对的空间和时间里，产品可能具有巨大威力。

细分带来的结果就是在空间中具有某方面绝对优势的产品被你选中并确立，然后等到短视频播放的时间，来进行变现的转化。

短视频平台用户对产品价格的敏感度会很高，因此价格比垂直品类的打造、选品的好坏更加具有决定性。如果以往产品销售的固定成本包括有店铺、人工、物流等支出，现在没有了实体店铺，并减少了人工成本，商品在利润不变的情况下，价格肯定会下降。而用户需要得到的最起码就是这部分价格优势。

所以具有选品优势的依然是传统零售和批发行业这类传统电商行业，因为他们真正在货源上有优势，而短视频变现又是围绕着产品销售思路来进行策划的。这种转场类的销售方式是传统销售变为电商，又不断进行迭代的结果。短视频账号可理解为传统商业的自营广告公司。

所以选品的思路首先就是如果是小品牌就选低价，这是核心竞争力。其次，如果是大品牌就选择愿意将品牌价值传播费用抵销在售价中的企业，这是账号拿货的首选，否则价格不会下降。

文案撰写

在上一章已经提及内容策划的思考，文案无非就是策划的具体体现。撰写文案其实并不困难，但是依然有以下几点需要注意。

1. 短。不要面面俱到，一次只讲一点，否则言多必失，失掉的是粉丝。
2. 直。内容诉求直给，不拐弯抹角。
3. 活。生活化，展现鲜活的感觉，做朋友不做老师。
4. 俗。大俗大雅，说通俗易懂的话，不说听不懂的术语。

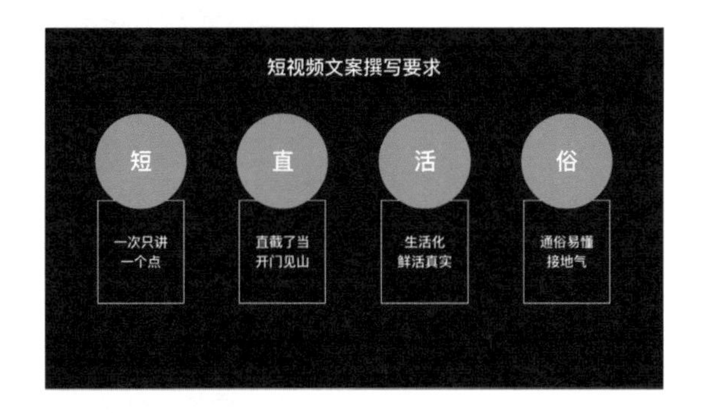

← 图 7-21 短视频文案撰写要求

制作要求

短视频看似和影视制作有关联，但是拍摄和剪辑在整个短视频制作环节中是最不重要的。这样的论调可能有点偏激，但是很多人往往都用惯性思维去研究短视频的影视理论、拍摄技巧，这样做无论是为了电商变现还是娱乐涨粉，整体的思路都错了。如果是电商变现的需求，那么就是赤裸裸的产品销售思维；如果是娱乐涨粉那么就是交个朋友的思维。穿着笔挺西装去市场和社区里做销售或交朋友的毕竟不多，所以这也是相同的道理。

短视频为什么火爆？就是因为没门槛，强调的是真实和随意，它有自己特有的美学。敢拍、敢演、坚持拍摄，是短视频拍摄制作的核心，短视频制作不在于器材和剪辑软件的精良水平。

当然也有品质很高的作品，那些都是可以在正常运营之后的后话了。一个爆款都没有就先买两台摄像机，这没有必要，爆款毕竟也不看画质的优劣。

这里只要求两点：① 音画同步，技术上能让用户看得下去；② 添加字幕，有对白就加字幕，需要强调内容就加字幕，要能让用户看得明白。

发布作品

作品的发布非常具有技巧。之前提及过发布时间的选择，现在要再补充一下关于视频内容描述和购物车产品描述的技巧。

↑ 图 7-22　剪映有非常方便易用的字幕功能，甚至可以直接通过音频来识别字幕

作品描述除了叙述性的文字外，最好可以使用疑问句来进行表述。在增加完播和回复数据的章节中，笔者提及过提升完播度需要的关键词是“短”和“引”，提升留言回复数的方法是“杠”和“槽”。所以陈述句的能量不足以引起关注，如果可以换成疑问句可能会有更好的反响。

作品描述中可以大量使用到话题功能，这样就可以明确标签，增加作品的曝光度。另外，需要注意关键词选择和对违禁词的审核。

购物车产品描述的原则是场景（人物）+同款+效果+产品名。例如，厨房场景同款不沾油抹布；酒吧同款轻奢郁金香酒杯等。

场景+效果就是短视频中产品的核心表达，也是带动粉丝购买的优势，这些是需要不断放大的。

项目复盘

在作品发布后，需要不断地观察数据，依靠数据指引来复盘。复盘就是数据反馈，不要谈感受和感觉，复盘需要看到客观数据的威力。

1. 转化率。是否有下单？下单数和播放量有什么关系？同以往作品比较，转化率的变化趋势？导致转化率升高或下降的内容在内容策划特点上有何不同？在选品价格上有何不同？

2. 功能测试。如果投放DOU+类型的流量工具，同以往相比否有销售数据增加？可以同预期进行比较，也可以将投放成本和收益进行比较。

3. 同类账号对比。一种是和竞品账号进行播放数据对比，另一种方式是同矩阵账号进行比较。如果手头有多个类似账号和多个平台，可以进行发布比较、试错。

7-4 直播变现

直播变现是现阶段最直接的新媒体变现形式，如果要讲透直播可能需要再单写一本书。直播已经从技术、内容方面发展成为当下新媒体领域最为火爆的新媒体形式，是由技术源头发展成行业的大事件。不过作为本书的一个章节，这里只做切片分析，不再进行延展。

不过这里要说明，如果只把直播理解为淘宝、抖音、快手这类平台，或者游戏、娱乐、电商这类主题就太片面了。直播和互动将会改变当今社会，它会充斥在任何视觉系统之中，无人驾驶、虚拟现实这些也会有它的身影。它的前景就是未来的方向，它是未来的身影。

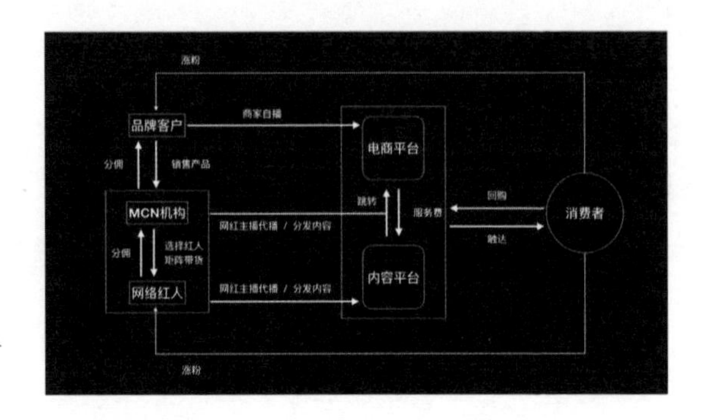

→ 图7-23　内容+电商行业产业销售逻辑图

主流直播平台的区别

从电商变现角度来看待国内的直播市场，主流平台主要有淘宝、抖音、快手三大平台。它们为什么可以共存？除了市场巨大之外，还因为有不同的内容侧重。

直播平台电商功能对接表

直播平台	电商平台
淘宝	淘宝
抖音	抖音小店、淘宝、京东、唯品会、拼多多、网易考拉、苏宁
快手	快手商店、淘宝、京东、魔筷星选、拼多多、有赞
B站	淘宝、京东

→ 图7-24　直播平台电商功能对比表

淘宝直播可以理解为淘宝+直播，直播只是淘宝众多电商分支中的一部分，它的人物画像和淘宝受众是重合的，因为在平台上浏览购物的用户或多或少都会关注到直播内容，只不过用户的黏度并不牢固。对于淘宝用户的习惯和淘宝商家的诉求，淘宝平台没有做更深入的挖掘，而平台对于流量的控制又天然影响到淘宝商家的积极性，淘宝直播即使做得并不尽如人意，也可以撑起一片市场，只不过并不生机勃勃罢了。

在淘宝用户画像中显影淘宝直播的用户画像，最准确的人群应该在25～35岁的女性用户，品类主要以服装、化妆品、母婴产品、家居日用品为主。淘宝直播有天然的电商+直播的基因，直播只是众多商家的另一种获客手段，从账号运营者的经验而言，他们的能力是不言而喻的。

快手的用户画像以男性用户为主，主要集中在三、四线城市和乡村。快手强调真实的生活场景，内容多为老百姓自己的故事，生动幽默有烟火气，所以快手的直播也很接地气，强调圈层和人设。

快手直播变现的品类和淘宝直播的重合度很大，因为除快手自有的快手小店以外，它还可以对接淘宝、天猫、京东、拼多多等平台，很多直播账号都是此类平台平移而来的，奠定了快手直播的基础。

直播和短视频的粉丝群体特征就是当地社交方式的互联网化。由于中国的人情社会观念，尤其在三、四线城市中更甚，所以圈层和人设最终在直播带货中的体现是以“人”为本，以人带货。主播的能力非常重要，同城概念的运营可以加速粉丝的精准化。这种偏社交的直播带货方式强调“人情味”，是非常有特色的直播平台。

抖音直播可谓是现在最火爆的直播平台，它的受众以一、二线城市的女性为主，时尚穿搭、3C数码、化妆品、酒水、茶叶等是平台的主要品类，是和短视频变现捆绑最紧密的平台。因为抖音直播强调内容属性，以内容运营的引流为前提，短视频和直播相辅相成进行变现配合，所以和以人为本的快手不同，抖音更强调故事引导。抖音直播有强大的流量和全面详尽的平台营销策略的支持，对于直播内容和运营方式的洞察也很仔细，对于直播变现功能的开发也是非常完善的。

随后笔者会再简单介绍抖音平台的运营工具，到时候也会提及直播内容。不过这里可以提示大家，抖音平台的创作者服务体系很强大，很多案例和经验都做到了提炼和理论化，大家可以持续关注。

抖音直播

抖音直播功能的使用很简单，只是电商直播的开通是有条件限制的，不过并不麻烦，和企业号认证的方式基本一致。我们在起号过程中的很多工作要求就是为了满足直播功能的开通。在认证时，粉丝数必须达到1000人以上，短视频内容必须超过10个，电商直播需要实名认证。所以起号时提及的不要着急实名认证也是有道理的，因为如果起号并不顺利，那么和这个账号绑定的实名认证直播功能也是没有变现可能的。

商家可以直接开通抖音店铺功能来发布短视频和直播带货的产品，也可以通过第三方平台接入的方式来进行带货和发货。很多产品在“1688”或“十三行”之类的平台都可以进行一件代发，这也是很多直播商家所选择的方式。

同时，直播也有很多功能，可以帮助提升互动性，这就让电商直播并不仅是卖货交易这么直接无趣的行为，还充满了互动的乐趣。

抖音直播是短视频+直播+电商的流程形式，所以短视频中的主播人设非常重要。抖音直播围绕着“人、货、场”展开，带货主播的个人魅力是非常重要的。在短视频中，通过人物设定可以让自身的定位更加鲜明立体，将这种气质平移至直播间就可以让粉丝更易

↑ 图7-25　例如某知名茶企借用抖音平台直播建立“场”，这是典型的“货找人”

↑ 图7-26　使用直播带货进行变现

↑ 图7-27　品牌投放广告引流

于接受，直播的强互动性更可以让粉丝实时地同主播交流，更好地满足粉丝的心理，让带货行为更加顺畅。

除了主播人设，带货主播还需要有控场能力，可以把控直播内容的节奏。对于行业和产品的优劣以及用户痛点都要有相应的把握，懂产品、懂心理，一个优秀主播应具备的业务能力。所以直播并不是吆喝，而是要有引导力、亲和力，是接地气地结合用户痛点来推荐产品，激发用户的购买欲望。

以上这些都是抖音直播的特点，针对具体的直播流程和短视频引流的内容，我们会在之后的章节展开，保证可以落地执行。

7-5 互动运营

讨论完内容策划运营，反馈信息也会和账号发展的阶段同步，这时就需要开始精细化运营的过程了。点赞可以看作是一种认可，也可以看作是一种施舍，因为它是单向的。你选择点赞账号，跑过去互赞，这只是礼仪性质的动作，无法带来更多的信息交互。

转发和收藏则是同强关联的个体进行交互？他们是同强关联的个体进行交互。比如你会转给你的朋友，但你不会转给一个陌生人；你会收藏在收藏栏中的内容自己查看，或者在恰当的时间拿出来给身边的朋友看。总之这两种行为是熟人之间或者自己和自己之间的交流。

人设和粉丝运营是为陌生人准备的，因此在短视频互动中，回复就变得尤其重要了。短视频的发布，再伴随定期的直播，互动层级就会更高。

互动运营的方式也就围绕着这两点展开。

互动运营

互动运营仅靠它的字面意思大家就会很好理解，这里无需多做解释，关键是互动运营是来做什么的？互动是双向的，除了短视频播放的强输出之外，作为账号的主体还有哪些信息可以告诉用户呢？除了不断地发布短视频，最好的方式就是直播和回复功能，它们是散发账号魅力的好手段。

为什么要散发账号的魅力？有谁会记得肯德基和麦当劳的公司注册名称？但是看见字母KFC或者M就会想到它们，这是标识和视觉体系的作用；那看到一个白胡子老爷爷或者一个小丑呢？他们更有亲和力、更容易记忆。当然如果没有这两个人物，他们的生意也不一定会不好，但是在庆祝的场合谁会拉着小朋友的手来跳舞呢？是他们的董事长和总经理吗？

销售汉堡和短视频变现都是生意，但是人们往往不愿意让生意看上去那么生意。人们需要社交，需要呵护，需要看似温文尔雅、高高兴兴地在一起，希望会让冷冰冰的生意更有温情。而且用户并不会记住一个冷冰冰的名字，他们需要把名字和甜美、帅气、稳重、慈祥的样貌联系起来，这样更方便交流。

这也是主播功能性的体现。他们并不仅是会说话的人，他们代表着账号性格。互动就是为了树立主播的性格，换言之就是为了让账号深入人心。那么为什么要立人设？除了以上的需要之外，还有一个重点，那就是减少沟通成本。第一无需反复介绍，第二产生社交印象。

短视频的运营需要精细化，所以仅仅靠内容是不够的，还要有人设。当短视频内容是在安利和种草某件产品时，用户为什么要看？要听你的？你的人设是专家，还是品鉴官，还是身边某个生活经验丰富的过来人。总要有一个理由。

用户并不是什么都明白，他们也需要一个这样的人，帮他们比较价格，亲自帮他们试用，有信誉做担保，挑选出好用不贵的产品。如果你能成为用户心中这样的人，那么你做起来就会比较顺，根本就不愁销量的问题。

如果这些相信你的人中的一部分成为了你的“铁粉”，除了看短视频，还愿意在你的直播间看30分钟，听你聊天和你交流，他们觉得主播这人特别有意思，这个时候购物就是一件非常愉悦的事情。用户觉得非常愉悦，就是一个非常理想化的购物环境。

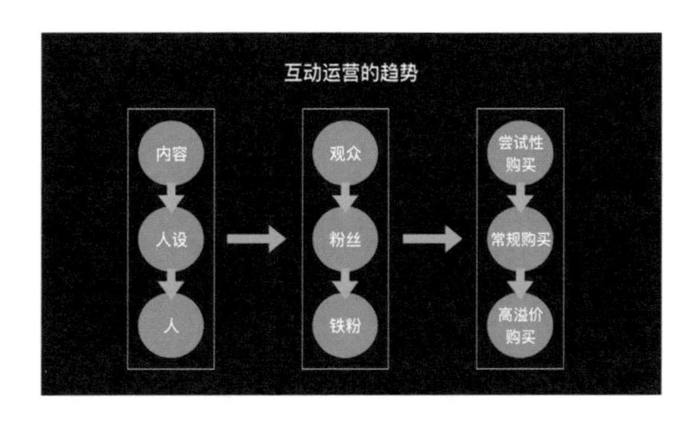

← 图 7-28　互动运营的趋势

这里可以做一个总结。内容策划是为了得到粉丝，互动运营则是要把粉丝变为“铁粉”。如果内容笼统地说是对应观众的，那么内容产生的人设就是对应粉丝的，人设形成的外在性格、主播代表的人，都对应着一个个活生生的“铁粉”好朋友。这种不断筛选和试炼的过程，也在不断地促进着购买力升级，从尝试性购买升级为常规购买，再提升到具有溢价能力的购买，这样才能带来更大更稳定的利润，短视频变现才能越做越大。

评论区运营

提升互动运营，评论区一定要运营好。很多人发布短视频后就不管了，这样是不行的。应当时刻留意视频下面有没有评论，评论了几条，谁在评论，评论区有没有吵架，有没有人过来吐槽，等等。

回复是需要氛围的。“抢沙发”是一种心理反应，从众的羊群效应也是一种心理反应，评论区同样也是非常好的舆情控制和分析的场所。人设的反馈，对于事件的评论，对于不同看法的态度，对于遭遇的吐槽，关系力可以在交流中不断地提升。内容的发酵和新策划内容都有可能在评论区产生，及时回复用户的话题会让粉丝更有黏性，会激发粉丝更大的交流欲望。

悦近来远就是这个道理，及时的沟通会让获客的机会更多，让获客成本更低。那么应该如何互动呢？

可以在内容中提出互动话题。经常有短视频主播这样说，“你还

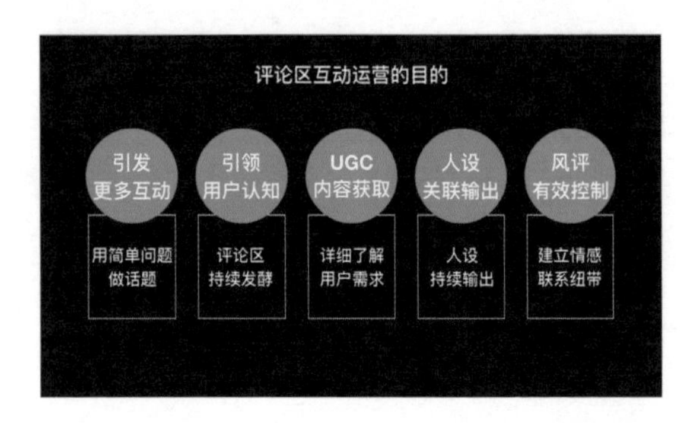

→ 图7-29　评论区互动运营的目的

知道更有效的方法吗？评论区告诉我。”这是在将主动互动直接锚定在评论区，粉丝们也会明确地得到邀约。或者“解决这个问题的3种办法请看我评论区”，总之都是引导类话术。短视频内容只是话题的指引，真正用户需求是在评论区得到满足的，这样也延展了短视频的发酵期，让传播时间和沉淀时间不局限在短视频的时长范围内。

私信运营

短视频平台的私信功能已经非常强大，加为好友之后可以进行实时沟通，而且也有很多其他的聊天工具和群工具可供选择。私信作为更加亲密的互动方式，代表着账号具有了帮助解决问题的能力，而且可以有将普通粉丝转化成“铁粉”的可能。要知道“铁粉”并不仅仅代表着购买交易，他们还具有在评论区引导风评的价值，是可以促进评论区互动的力量。所以不要小瞧私信的力量。随着粉丝的不断汇聚，账号其实就已经拥有了私域流量的可能性。

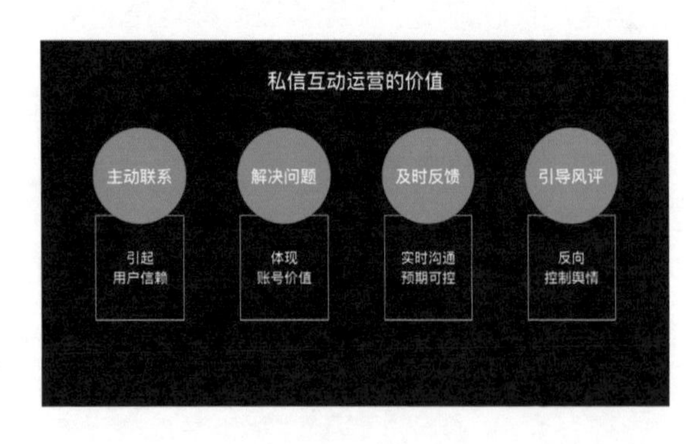

→ 图7-30　私信互动运营的价值

7-6 垂直和矩阵

作为短视频内容变现的方法论，细分垂直和账号矩阵是从单个账号核心到量变产生的思维方式。

细分垂直

短视频喜欢讲赛道，因为在庞杂的平台上凝聚了大量的产品和内容。何为细分，细分就是在平台上找到赛道分类，然后以微观切入，不断剥离出自己相对了解可控的产品；所谓垂直就是针对这个细分品类不断深挖，一切的内容都围绕这个品类来展开。

要明确这并不是你喜欢这样做，而是不这样做就没有机会。很多人往往在选择上会比较宽泛，对于品类的细分并没有到极致。当谈及这点时，会有反问，难道我就不能做这个品类吗？能，当然可以做，关键是它是否还可以再细分，如果细分到资源有绝对优势的领域，并幻化成胜势，这难道不好吗？

那么怎么细分呢？从行业、人群、地域来做不同参数的搭配，即，行业+人群+地域。例如：

化妆品+男人+北方；

洗面奶+大学生+山东；

祛痘洗面奶+初入职场的大学毕业生+青岛（账号所在地）；

祛痘控油洗面奶+准备工作或者考研面试的大学毕业生+青岛市内大学。

这样细分的理由是，如果做到让青岛地区的大学中的“学生党”都知道的账号，这个市场对于一个短视频账号来说就已经足够大了。拥有一定的粉丝基础后再做相应的替换。替换可以从行业产品进行延展，分析可以和已有粉丝人群产生交集的内容，比如励志图书、求职面试服装、人生的第一条领带等。总之产品的思路是非常丰富的，每一个产品都有它在不同场合和针对不同人群的特有属性，反推就是细分市场定位。

账号矩阵

多个账号的组合就是矩阵。听起来很高科技，其实没有什么新奇。为什么要做矩阵？从账号的角度来说，试错是短视频运营成本最低的手段，账号越多，成功的概率越大。从收益的角度来讲，同类产品可以按细分的方法做不同的组合，这样可以保证投入产出比，得到最大的经济收益。

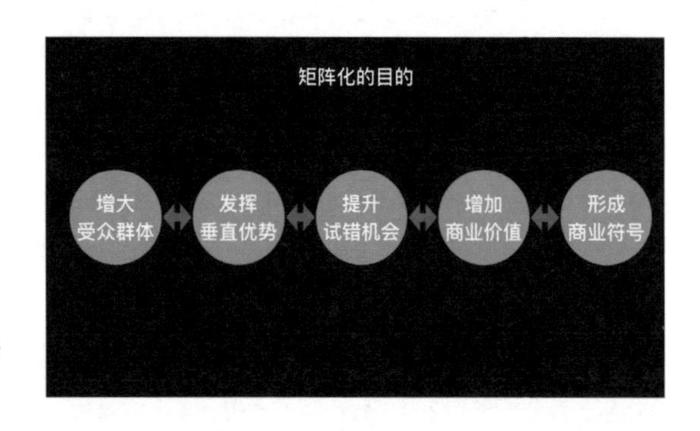

→ 图 7-31　矩阵化的目的

从账号运营的角度来说，首先创作者没有办法得到所有的粉丝，即使投其所好也没有办法是全面、一网打尽的。那么就需要千人千面，用同样的方法论创立更多的账号，目的就是形成矩阵来吸纳尽可能多的粉丝。

从垂直的角度来说，赛道越精准，它的竞争越小，但是竞争小也面临行业变现范围狭隘的问题。一根线很细小，但是无数根线的缠绕会形成绳索，无数根线的编织会形成布匹。垂直的力量感加上矩阵的面积，才可以得到更多的变现机会。这也就是矩阵的另一个功能，它化解了“精准”所固有的问题，扩大面积挖掘群体需求。

矩阵形成的粉丝量即是私域流量，可以成为最终的价值标的物，即主播和账号去哪里，他们就会跟到哪里。短视频平台是否会接着变化？是否会有新的媒体形式取代短视频这种形式？回答当然是肯定的。所以从长远看，得精准粉丝得天下，也就是说做群体的运营是最有价值的，这就是矩阵的转化。

另外，在进行矩阵化的过程中，自身团队也在形成价值，这是人的价值、团队的价值，所以矩阵化是质变的必由之路。

账号矩阵实操方法

从账号到账号矩阵，说简单就是复制，但是没有复制这么简单，需要在复制的过程中掌握一定的方法。

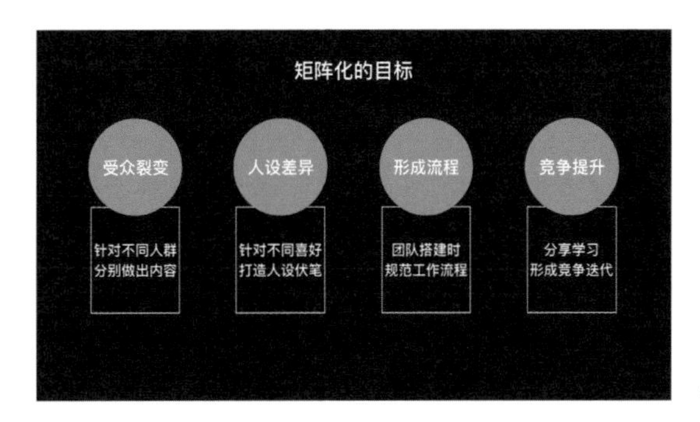

图 7-32 矩阵化的目标

做一个账号的过程中，一般包括内容策划方案、人设架构或者人设架构的方法、团队工作的管理经验和流程设计。那么从这些点进行复制即可产出账号矩阵。

同样的方案，针对不同人群来进行内容创作。行业+人群+地域，如之前的例子，化妆品行业不变，洗面奶产品不变，青岛这个地域不变，大学毕业生可以换成白领，或者换成辣妈，使用成熟的方案进行复制会很快。

受众身份的改变带来人设的改变，通过团队搭建过程中积累的规范化工作流程即可做出相应的解决方案。

具体的裂变过程会很快，因为从主体账号的经验和负责办法来看，以人设为中心形成矩阵，就是快速地针对不同受众来推出具有针对性的主播，从而形成短视频的内容。如果从受众来形成矩阵，亦是如此。总之核心产品不变的前提下，矩阵的复制速度就是账号的发展速度。起号、养号过程是不断循环复制的，流程的不断复制、迭代最终形成多个账号，这就是矩阵化。

矩阵化的价值就是提升营销覆盖的范围，从而降低赛道的竞争压力，矩阵化是在提升账号的安全性，提升竞争力。

7-7 引流功能

引流是短视频的另一个功能特点。短视频为账号引流的目的就是配合直播功能，比如在开播前的一段时间进行发布，把精准的流量直接引到直播间；或者在下播之后，发布短视频以沉淀精准的粉丝，为下次开播提供优质的土壤。

引流短视频的作用

在直播的过程中，往往会遇到以下这3个问题。

（1）直播间在线人数太少，无法售卖。感觉主播也非常卖力，产品也非常优质，价格也很有竞争力，但是无论怎么变换方式，最终还是每次都呈现这样的状态。为什么直播间的在线人数会一直这么少呢？看到竞品直播间有几百人上千人观看，感觉非常让人心动，可是为什么自己的直播间一直都没有人进来？

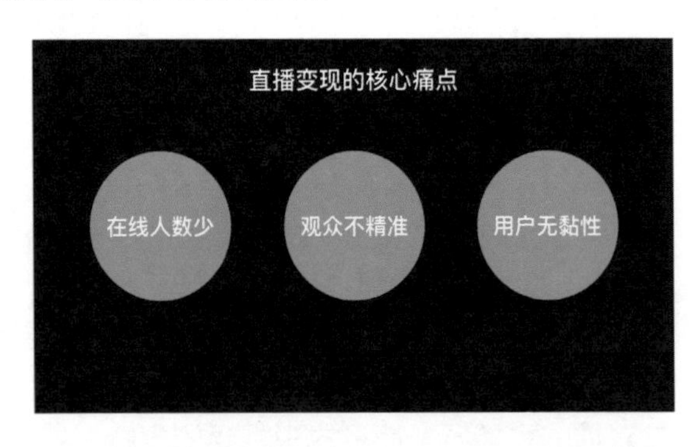

→ 图7-33　直播变现的核心痛点

（2）发现进来的粉丝不够精准，无法达成交易。比方说卖女装的店铺，进来一些中年的男性，那么这种直播大概率是不会产生销售的。而且如果这样的用户源源不断地进来，那么可能会影响到流量推送的精准性，从而无论是自然流量还是付费流量，可能都会受到严重的干扰。这时主播再卖力，产品再有竞争力，可能都很难达到强力的营收。

（3）用户黏性太低，无法创造利润。很多刚开始做直播的朋友发现直播间不进人，就开始盲目地使用福袋或其他直播工具做活动促销。通过这种方式得到的粉丝中有一部分只是为了福袋或者抢活动产品，并不打算购买高价格产品，也就是经常说到的，用户黏性太低。

这些就是亟待引流短视频来解决的痛点，虽然不一定能够完全解决，但是它是不错的应对办法。完全解决需要从主播的培养、产品的组合，以及直播数据复盘分析、投放等全方位的角度去整体性地解决，而归结到短视频的呈现上，加强短视频的引流能力是必要的。

高价值引流短视频

电商直播的成交额是观看人数和转化率一起作用的结果，选品和精准粉丝的打造就是为了提高转化率，这是可以通过不断的短视频运营提高的。如果观看人数这个参数得到了提升，那么直播间的整体成交额也会成正比增加。所以在提升转换率的同时，另一个工作就是增加观看人数。

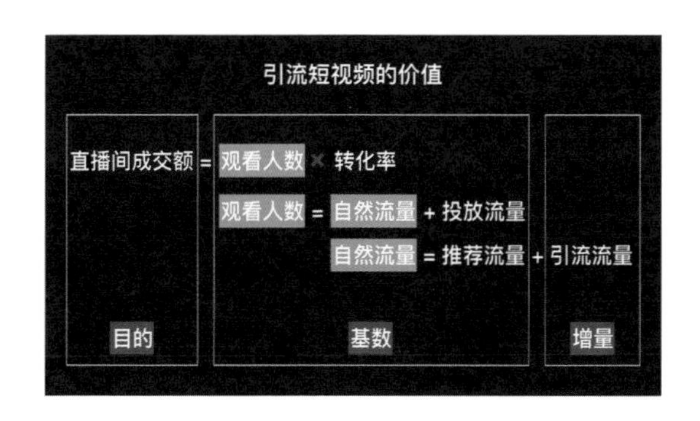

← 图 7-34　引流短视频的价值

观看人数的组成是自然流量推送和投放流量推送的总和。投放流量的获得只要购买相关功能即可，自然流量如果再细分，可以拆分为推荐流量和引流流量。引流短视频的目的就是去最大化寻找短视频流量的增值。

引流短视频的策划

引流短视频为直播间提供预告功能，可以短时间内吸引精准人群来完成观看和购买。通过引流功能视频的发布还可以增加账号粉丝，并为橱窗商品进行引流。

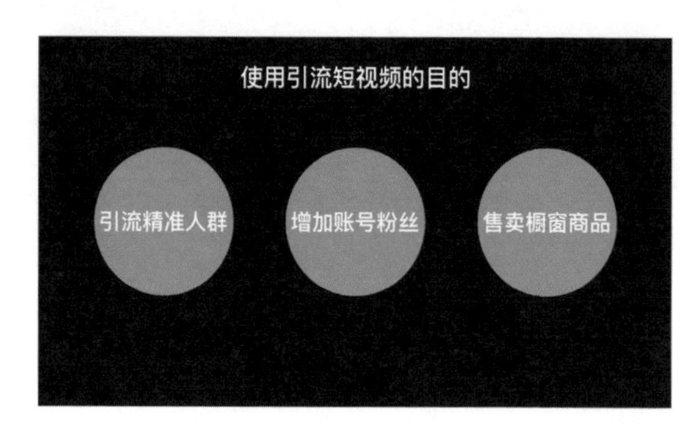

→ 图7-35 使用引流短视频的目的

引流短视频是具有特殊功能性的视频，在内容策划上要有明确的目的性。如果短视频是为了宣传直播带货的活动，吸引人群观看就要明确直播时间和直播产品，最好还有打折信息和主播信息。这样通过人设和价格可以吸引粉丝预订和蹲守直播间进行观看。这样的短视频就相当于电影宣传中的预告片。

预告片的策划是怎么完成的？一定是要围绕亮点。所以每次在直播策划时都要明确直播的亮点内容，比如限量低价的高档酒，限量限价1元的空气炸锅，这些直播策划的内容亮点，需要提前在短视频中露出。引流的目的就是让粉丝期待的好货吸引用户成为等待在直播间中的粉丝。

在表现力上，引流短视频可以通过娱乐的方式主打直播亮点，而不必生硬刻板。主播人设也需要在视频中得到体现，软化广告的形式，给出主播送好物的感觉，而不是主播卖好物。这样不断地发布引流视频，并结合直播的不断滚动筛选，可以做到沉淀精准粉丝，为直播提供优质的氛围环境。

第 8 章

经验篇

8-1 为什么要开通抖音企业号

如果使用企业号对于账号人设有利，那么最好认证为企业号。只要在后台上传营业执照，就有机会开通企业号。

开通企业号之后不光可以不限数量地发布广告、视频，推广你自己的产品，还能在抖音的主页添加联系电话、门店地址、团购优惠等信息，并且还能增加私信消息、卡片、私信自动回复、私信关键词回复等一系列非常实用的功能，不错过顾客的任何消息，大大提高顾客和企业之间的沟通效率。企

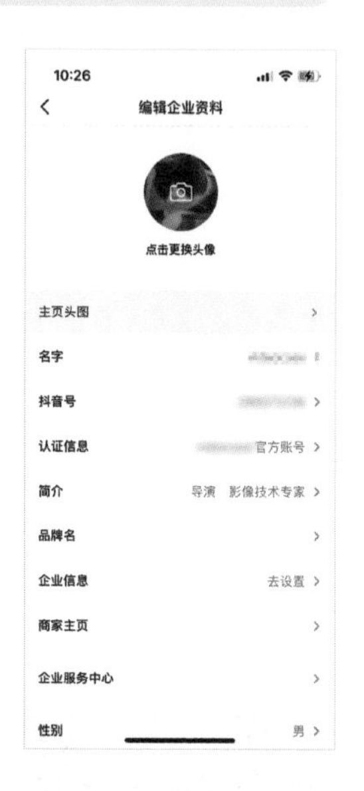

→ 图8-1　企业号认证后，页面从个人资料变为编辑企业资料，头像和简介最好按企业号的要求变更为企业官方LOGO和相应的简介

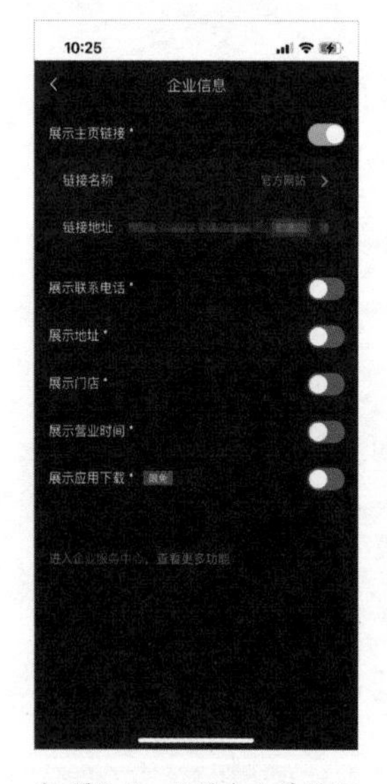

↑ 图8-2　开通企业号认证之后，可以针对企业特点进行深度的企业信息展示

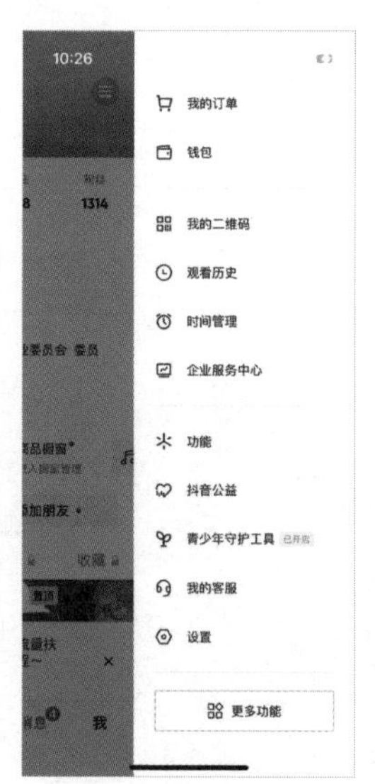

↑ 图8-3　从后台菜单栏中的“企业服务中心”进入，可以得到更多服务内容

↑ 图8-4　“企业服务中心”页面

业号的开通能够提高线上销量和到店消费率，获得更多曝光和更多销量。

开通企业号还可以零门槛地开通直播购物车；还可以在直播间发放优惠券，吸引更多的目标用户群体来到直播间；还能免费参与平台的一些流量活动，得到更多的曝光机会。

企业号开通方法非常简单。第一步，在后台上传营业执照，申请开通抖音企业号。第二步，填写企业信息完成审核识别。开通企业号有审核费用，不过有时遇到活动时也可能是免审核费的，所以可以时常关注抖音后台，找到最佳的审核认证时间。

8-2 如何进行抖音实名认证

选择“我”，进入菜单页面，点击“设置”，进入“账号与安全”，找到“实名认证”。

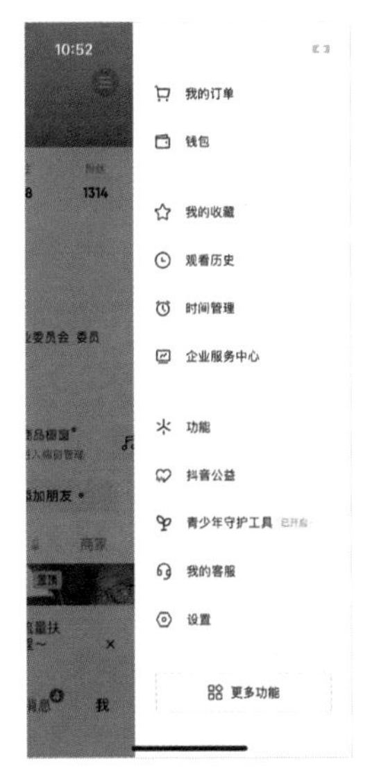

↑ 图8-5 点击抖音后台菜单键，进入菜单，并点击“设置”按钮

↑ 图8-6 选择“账号与安全”

↑ 图8-7 选择“实名认证”，因为笔者已经办理了实名认证，所以现在显示“已认证”

8-3　如何挖掘对标账号

学习短视频的内容策划和运营，寻找到同类型标杆账号是非常重要的。对标账号可以让自己获取灵感，在搭建账号的过程中可以更加有方向，少走弯路，并且在观看对标账号的视频内容过程也可以给自己的账号打上同类型的阅读标签。

找到对标账号有3个方法，推荐流寻找法、搜索功能法，以及大数据平台法。

第一个方法推荐流寻找法，就是观看对标同类型内容，在推送中进行筛选，是同类型的就多看，不是的就不看，这样推送就会趋于精准，逐渐越来越垂直细致。

第二个方法搜索寻找法，搜索框下面通常有很多选项，除了直接搜索同类用户，你还可以搜索话题、搜索商品。

如果你做的是家居好物的账号，你就搜索家居好物相关的话题。按照点赞量进行排序后该话题下有很多同类的账号让你参考。当你找到对标账号后，在关注按钮右侧有个下拉的三角形标识，点击即可找到跟他的账号标签相似的账号。

第三个方法是使用大数据平台。这里主要讲在网站上找对标账号，例如飞瓜或者新榜，无需付费购买会员，使用免费功能即可。进入飞瓜抖音版，点击播主查找，再点击播主排行榜，选择成长排行榜，找到和你的行业对应的标签就好了，这就是找对标账号

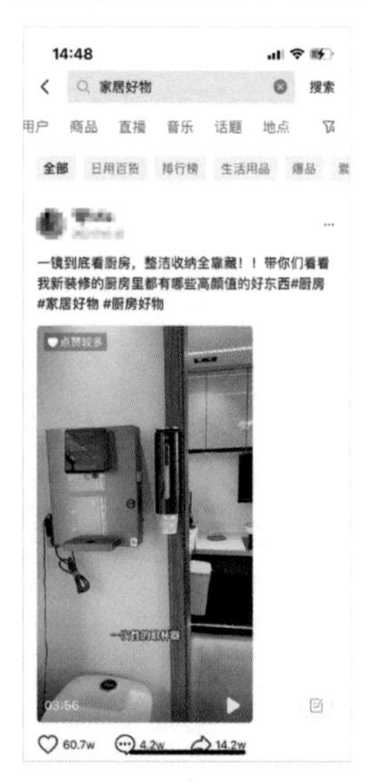

↑ 图8-8　在抖音搜索中选择自己要做的主题关键词进行搜索

↑ 图8-9　可以选择用户、话题等选项，例如选择话题内容

的第三个方法。

找到对标账号后，你该怎么去分析，一般的人是关注账号后看几个热门的作品马上跳到另一个账号，这样看来看去刷了几个小时，眼花缭乱，没有任何收获。正确的方法是，当你找到感觉还不错的账号的时候，需要对标分析它的基本信息、主页装修和视频内容。看基本信息的同时，也要看账号的基础数据，要关注总作品数、总点赞数、粉丝数、赞粉比、平均点赞数等参数。

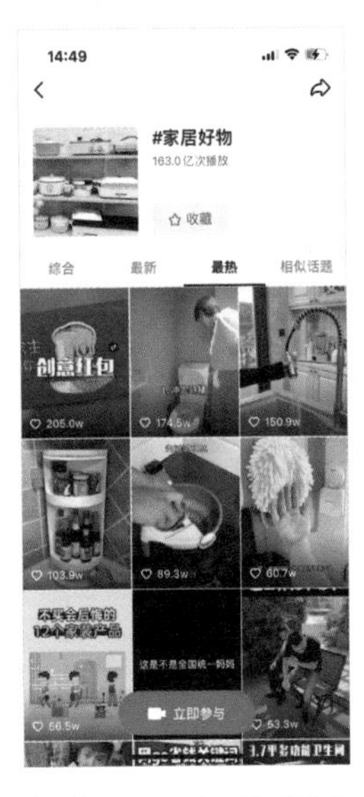

↑ 图8-10 可以按不同分类排序，例如选择点赞量最高的视频进行学习

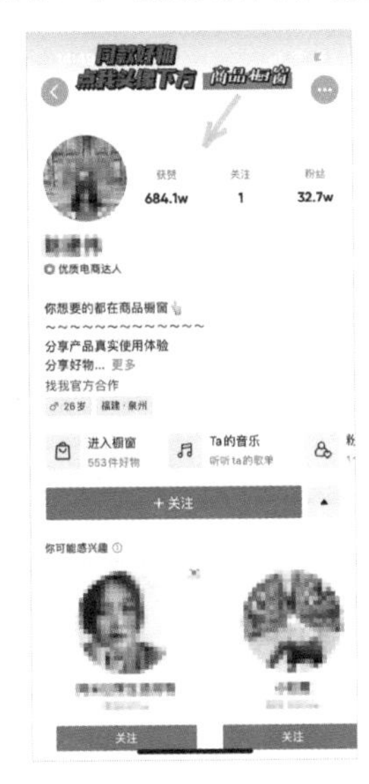

↑ 图8-11 找到对标账号，在点击“关注”后的小三角标志，可以得到同类型账号推荐

接着看账号主页装修，从头图、头像昵称到账号剪接组件和封面都不要漏掉。看他头像是用的企业商标还是个人照片？账号简介写了哪些内容？主页挂载了哪些组件？封面是什么风格？最后再是分析账号的视频内容。建议从头到尾把对标账号的视频全部刷一遍，而不是只看点赞量最高的视频，因为你要了解

← 图8-12 例如使用新抖进入抖音数据页面，搜索家居关键词

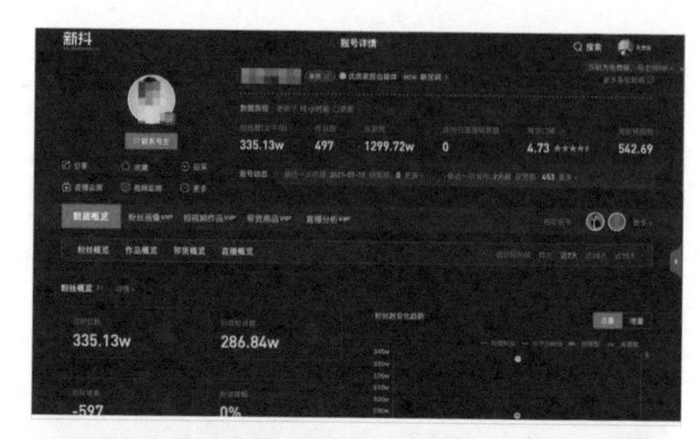

→ 图8-13　可以查看账号的基本情况数据

→ 图8-14　还可以查看粉丝画像等数据分析

的是账号迭代优化的过程。真正值得学习的干货是对标账号在标题、文字排版、拍摄和剪辑、场景、运镜转场、节奏、背景、音乐等方面的设计和运用。

如果想要详细地了解对标账号的策划和内容，并且希望通过观看为自己的账号打上同类标签，这里推荐给大家“四三原则”。

“四三原则”就是要做到4个3，即3天、30分钟、300条视频和3个动作。具体操作就是连续刷3天对标账号的视频，每天不少于30

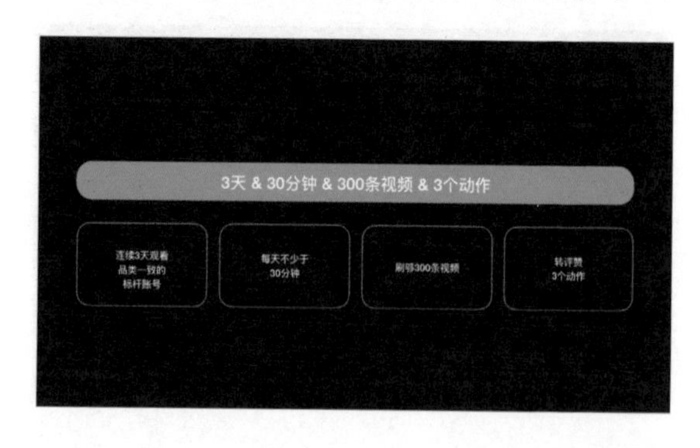

→ 图8-15　“四三原则”示意图

分钟，要刷够300条视频，刷视频时需有赞、评、转这3个动作。

“四三原则”看似简单，做起来却很难，刷到同行优秀视频要坚持看完，除了点赞、评论、转发，还要进行关注。刷到和自己的账号不是同一类型的视频，则要快速划过。这样大数据在算法统计上就可以将你的账号快速归类了。

既然以变现为目的，那么就要明确看短视频并不是娱乐，而是工作的一部分，严谨地观看可以得到更好的标签反馈。

8-4 如何打造账号的内容定位

内容定位就是细分，从变现的角度来看就是产品和利润从哪里出现，所以账号的内容定位需要明确3点。

1. 目的。账号的终极目的就是变现。也可以把目的分成各阶段性目的，比如：品牌曝光、涨粉引流、扩大行业声望等。目前自运营商业化常见的变现模式有5种：电商卖货、知识付费、广告变现、招商加盟和门店引流。无论是终极目的还是阶段性目的，都代表着工作方向，结合变现模式才能落地，这也是账号运营者每天都需要思考的问题。

2. 形式。使用何种出镜方式？真人？非真人？从创建人设的角度来看，首推真人出镜视频，这更容易被大多数人接受；如果是非真人出镜，那么创作者就需要展示强逻辑或者强技能的内容。

3. 领域。本书一再强调赛道概念。无论是领域也好、行业也罢，我们都需要说子集名称来明确定义。服装、美妆、家装这些都太宽泛了，我们可以明确地提出领域为例如男士工装、补水保湿、防水材料，这样可以更加明确细分板块。

那么如何创立内容风格呢？我们可以使用一个有用的公式来拆分问题，即内容风格=人群+角色+获得感。

首先，人群指的就是受众人群，用我们刚才拆分领域的办法来定义这些人，一定要是垂直在某几个参数交集的人群，例如肥胖人群。

其次，角色。账号扮演的角色是什么？是陪伴者来吐槽寻找共鸣？

还是穿搭的分享者，通过分享来提升粉丝的穿搭品位?

最后，获得感。用账号的身份，为人群提供陪伴吐槽或者穿搭分享，受众可以得到哪些获得感?心理的平衡、对抗异样眼光的自信，抑或是漂亮的仪表。总之，受众需要得到满足，这样内容风格才会成立，而不能风格和受众并无交集，那就是闭门造车的工作了。

↑ 图8-16　例如针对减重人群的账号，群体非常明确，角色身份为健身教练，每天展示减重的日常以及和学员之间的故事，学员减重前后的对比图片即是极具有冲击力的用户获得感体验

↑ 图8-17　该账号每一篇都是抚慰人心的小故事和心灵鸡汤，受众非常广，针对快节奏生活的焦虑，生活压力下的紧张，可爱的动画形象和温馨的问答对话往往给人触及心底的呵护感，这种抚慰即是满满的获得感

↑ 图8-18　每一个视频的点赞数都很高

8-5 如何打造账号人设

人设就是符号，是气质风格，打造人设就是为了减少沟通成本。提出这个人名、形象、口头禅，用户马上就会明白他是干什么的，他要做什么，或者我要买什么的时候可以去找他。

创立账号后，核心工作往往会定位在人设打造上。常遇到播放量和粉丝数这些核心数据都有了，变现还是不明显；或者跟拍热点视频点赞很多，但却涨粉很少；或者已经拥有了很多粉丝，但是变现却仍旧非常困难。这些都可以看作是人设和账号风格不强造成的粉丝黏性不够。

用户关注账号的原因大致有3点：第一，人物信服，看了又看；第二，话题有用，我感兴趣；第三，明确提示，请你关注。这3类原因分别对应的是强人设、强内容和强提醒。如果从变现的角度来看，人设可以提高粉丝对账号的关注度，对人设感兴趣才是变现的核心。

打造人设的方法可以从这个公式入手：人设=人物+性格特点+外在形象特点+内容输出+个人符号。

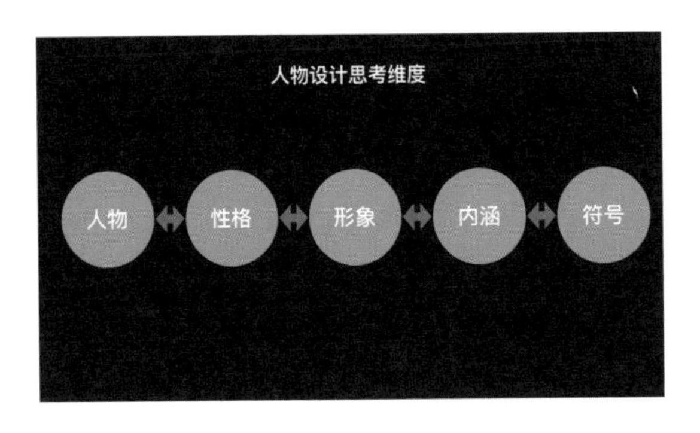

← 图8-19　人物设计思考维度

（1）人物，重点在于人物的表演是否有张力、有特色；

（2）性格特点，重点在于出演者体现出的性格能自始至终地贯彻下去；

（3）外在形象特点，重点在于和内容相一致，当然如果反差强烈也是一个很好方向；

（4）内容输出，重点在于掌握一个非常系统的知识结构，可以持续输出内容，引起持续关注；

（5）个人符号，重点在于创造一个特别容易让别人记住的个人符号，语言、动作都可以，总之看到它就可以想到你。

8-6 如何判断账号是否垂直

垂直细分的目的是让账号标签更加明确，这样可以带来更多的精准粉丝，从而账号的价值更高，粉丝的信任值越高。

判断账号是否垂直办法很简单。

第一种方式：可以使用一个小号来关注打造的大号，关注之后，系统会推送类似的头部账号给你，作为推荐延展添加的选择。如果推荐类账号的属性和你要打造的账号属性一致，比如你是美妆号，小号关注之后，页面跳出的推荐账号也是美妆类的，甚至连精确细分的领域都一致，这样你的账号肯定与推荐账号在标签属性上是一致的。

↑ 图8-20 例如搜索某账号并添加关注

↑ 图8-21 系统会推荐“你可能感兴趣”的同类账号

第二种方式：可以使用新榜或者飞瓜这类数据分析类网站，通过账号搜索来查看标签。

→ 图8-22 新媒体数据分析网站“新榜”，此类网站是做运营分析的必须工具

← 图8-23　新媒体数据分析网站“飞瓜”，这类网站都会对抖音、快手、小红书等网站进行数据分析，同类网站有很多，找到一个顺手的使用即可

← 图8-24　通过网站搜索感兴趣的账号，在ID旁边会出现相关行业或话题的认证标签，这即是垂直赛道标签

8-7 起号思维脑图

这是一张MCN机构归纳使用的起号思维脑图，我们用它来展示并确认我们的工作逻辑。

1. MCN机构孵化或签约网红达人。我们起号的目的在初期最起码要达到MCN机构签约的标准，这个标准是逐年提高的，现在已经很难了。我们看到的很多账号虽然是UGC特质的，但其实都是MCN

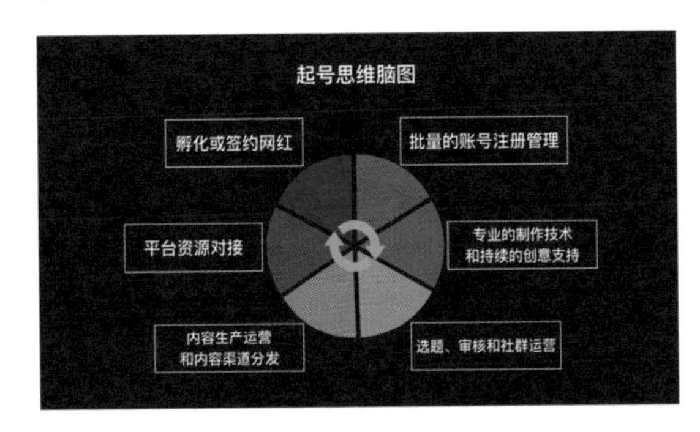

← 图8-25　起号思维脑图

包装和孵化的结果。

这里并不是要否定MCN机构。对于流量而言，MCN是有特定流量属性和流量权利的，平台会为此类机构分配流量。

这里我们按照正规的流程图表来梳理我们的工作方式。账号产生的目的在第一步即要明确未来的变现方式，以广告还是以电商为主。这也是我们需要直面的。

2．批量的账号注册管理。MCN机构对于账号的评估方式很直接，那就是让账号直接参与竞争，只要用试错的方式，就可以从批量的账号中得到生命力最强劲、最符合用户喜好的账号。而且试错是成本最低、对时间的利用率最高的方法。

3．专业的制作技术和持续的创意支持。这里需要注意的并不是技术也不是创意，这两点对于机构而言是重要的，但是对于个人创业账号来说，持续性才是重要的。在账号创立初期需要进行日更维护，之后这类工作更是家常便饭，所以运营考验的是耐力而不是爆发力。

4．选题、审核和社群运营。这部分涉及内容运营和社群运营。选题的策划方式会在后文中专门安排一节来讨论。对于个人账号来说，选题一般都是先模仿后原创，选好赛道，再选好类型和内容形式，还需要找到对标参考的账号。

社群运营是目前流行的私域流量运营方式，需要不断地通过社群运营的方式来激活和筛选粉丝。私域流量具有强关联属性，在变现方面的优势非常大。虽然现在微商模式和相关话题已经不再流行，但是从本质上来说，微商模式就是私域流量经济的体现。

5．内容生产运营和内容渠道分发。稳定的内容产出是关键，多渠道多平台分发也是机构运营的方式和技巧。平台的平移也会带来巨大流量。

6．平台资源对接。现在使用平台提供的相关运营工具就可以得到平台变现资源。以抖音为例，有巨量星图、巨量千川等运营工具，利用这些工具无论是账号运营方还是需求方都可以在平台上进行资源对接。

这里回看流程图的起始点，以广告或电商为主的变现诉求，在最终环节得到实现。

8-8 内容策划思维脑图

在所谓的养号期间，除了定时定量地发送短视频内容，其他的工作就是要保证短视频内容的质量。在同质化、同类化、互相搬运内容为主的短视频创作领域，原创就是硬实力，所以内容策划就显得尤为重要了。

内容策划的过程其实并不是仅涉及内容本身。内容并不仅是音视频画面、解说词、脚本和图片，如果这样理解内容的概念就将局限在短视频的产出环节了。而整个内容策划的实质，其实是策划有效的内容产品，而变现短视频的内容策划要有更高层级的要求，其文案和表现形式应该是有效的，带有售卖和转化属性的内容。因此，不要仅保证“不断更”的频次，去盲目制作内容，这种以填补为目的的策划是杯水车薪且无效的。

爆款内容不是凭空出现的，它是需要不断累积和蓄力才能产生的。至于什么时候能够出现爆款视频，无从知晓，但是不做内容、不优化内容、不做优质内容，爆款视频绝不会出现，这倒是可以肯定的。

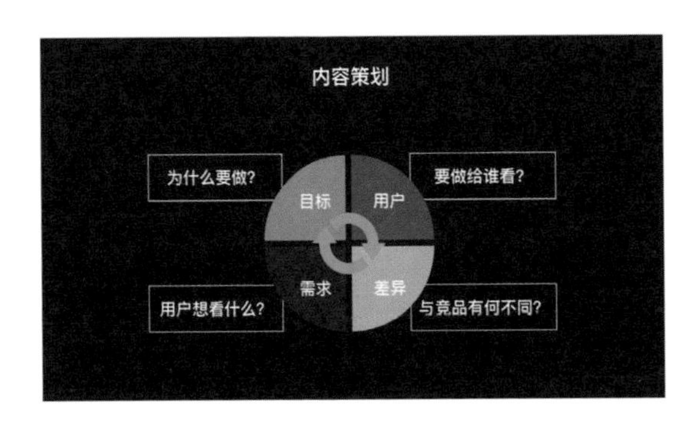

← 图 8-26　内容策划思维工具

所以在内容策划的时候，在开内容策划会的时候，或是在头脑风暴已经脑洞大开的时候，我们依然需要使用工具来筛选和检索内容。与诉求和目标关联性越强的，越是我们需要的好主题。那些不着边际但看似充满想象力和智慧的内容，如果和主题诉求无关联，那么依然是无效的内容。

目标

内容生产的目标是什么？它可以直接关联到相关数据上，比如目的就是点赞数，或者目的就是粉丝数，或者可以更加细化，目的就是为了增加男性用户，再或者目的就是为了增加同城的男性用户。

也可以是带有人设目的，例如不断增强主播的权威性、亲和力、变换造型的能力等；或者和热搜相关的内容，它的目标就是获得更多的播放量；或者为了检验一下团队的快速反应能力。总之在进行内容策划时，需要有相对应的目标和考核标准。

回归到具体问题就是，为什么要做？做了之后要什么效果？

用户

在目标整理的阶段其实已经触及用户的范畴，即具体做给谁看？随着不断发布视频，用户画像会逐渐地清晰起来，直至平台根据视频内容趋势数据做出的用户画像同我们期待变现的目标人群一致，而不是只关注数据的增长。增长的数字也只是数字而已，和数据是两码事，单纯的数字增长是存在却无效的。

一个以女装销售变现为目的的账号，很可能因为主播的颜值和表现力，吸引来很多男性粉丝，但是从短视频电商或者直播带货的角度出发，这些粉丝并不是优质的，他们是不会产生购买力的。这就是内容策划时，对于精准用户的思考出现了偏差，即，做给谁看？应当是做给最终付费的粉丝看，而不是做给完成观看的粉丝。他们两者的区别便是可否进行电商转换的关键。

差异

这里谈到的差异可以从两个方面来分析。一种是真正的差异，就是你和竞品之间究竟有什么不同，是否构成真正的竞品，是否被细分在同一个领域。服装是一个赛道，女装分类是其中一个领域，大码女装又是女装的细分，其中通过年龄和身份又可以分为学生党、上班族、少妇、中老年等，在其中还可以按地域、季节继续细分。

这样不断地细分最终确定的才是精准粉丝，为他们制作的才是精准内容。

另一种就是借鉴。当我们认为某精品账号足够优秀，而我们远远不及时，那就没有差异可谈，或者说没有竞品关系可谈。我们需要学习他们的经验，在同类受众的前提下，优秀账号肯定有足够多的经验可供借鉴，这种借鉴对我们自己账号的提升有着事半功倍的作用。

另外，我们经常在选择对标账号时，想要选择得精准，在跨赛道选择对标（可借鉴）账号时，需要考虑很多具体的因素。

需求

受众需求其实就是用户的观看需求，他们想看什么？这只是很肤浅的供给思考，也就是借鉴平台的力量来投其所好，即可产生源源不断的流量。但是这些观看和流量是否可以实现变现？是否可以把这种需求形容为我们需要用户看什么？再用这种方式来筛选粉丝。

用户喜欢看的可能是触犯法律的、可能是越界的、可能是极端的，满足用户的需求并不是指让用户完全满意。在不违背法律和道德约束的前提下尽量满足用户的需求是主要的工作目标，并且这个目标应与变现需求相匹配。

需求的最终目的是引导需求，这是一个很高的层级，这里不做展开。简单来说，如果有了足够的粉丝数，影响力就会不断产生，话语真正变成了话语权，那么在短视频平台流量的发酵下，需求将是可被创造的。

8-9 受人欢迎的内容类型

根据笔者进行的用户喜好分析，再通过大数据筛选得知，以下7类内容是用户最喜欢观看的内容。这里先做呈现，随后我们会逐步分析拆解。

一见倾心型

这是在短视频平台上常见的内容类型，如帅哥美女，最核心的点赞原因就是外表的吸引力。这类视频可以带来大量的粉丝数和点赞数，也是MCN公司最喜欢积累的账号资源。广告变现是最直接的变现手段，橱窗售卖和直播售卖变现带来的效果不及广告变现。

↑ 图8-27　在抖音拥有两千多万粉丝的博主

↑ 图8-28　该博主2018年入驻抖音，一支舞蹈累计点赞上千万，涨粉百万

↑ 图8-29　博主的形象和舞蹈让粉丝一见倾心

↑ 图8-30　该账号主打颜值、汽车和摩托车，这样的跨界更加吸粉

↑ 图8-31　颜值+美景的旅游账号，令人眼前一亮，一见倾心

娱乐搞笑型

娱乐搞笑是短视频平台最主要的内容形式，是用户在碎片化时间消遣的主流内容。从艺人跨平台转型，到搞笑团队和普通人的原创或者模仿，这一类内容深受用户喜欢。此类账号的粉丝数非常多，点赞量奇高。以往的变现方式来自平台流量补贴变现，随着各大短视频平台逐渐成熟，目前各大账号主要通过直播带货来进行变现。

↑ 图 8-32　该账号主要拍摄调皮外孙和姥姥的日常故事

↑ 图 8-33　拍摄的故事接地气，既搞笑又温馨，有很强的代入感

↑ 图 8-34　该账号主要展现的是专业演员和编剧的业务能力

萌宠萌娃型

对于有宠物有宝宝的用户，这类内容为其建立了一种强价值认同；而对于无宠物或无宝宝的用户，则给他们提供了云养猫或云养娃的机会。喜欢这类内容的粉丝数很多，点赞量也很高，而且有明确的同类化场景和同类化的生活方式。对于带货变现来说，喜欢这类内容的粉丝优质，且产品非常明确。但是也有相应的劣势，即产品的局限性比较大。

↑ 图8-35　这种萌宠类账号拍摄宠物日常，非常解压

↑ 图8-36　萌娃类账号主要记录日常生活，通过短视频晒娃抚慰人心，吸引粉丝

达人绝技型

这类内容多为让用户看到别人做到了，自己却做不到，甚至没有见到过的事情。用户点赞时的心态更多来自佩服和鼓励心理，用点赞“送出自己的膝盖”。达人往往都具有网红的潜质，可以把他们看作是具有独特才艺的人。这类账号长时间持续更新可以带来很好的粉丝数和点赞量，如果只是不定期更新，则数据往往会表现为单个视频点赞量较高，但是粉丝数并不多，而且会定期流失。这类内容适合以知识付费或内容付费的方式变现，或者

↑ 图8-37　该健身达人账号拥有7000多万粉丝

↑ 图8-38　街头套圈游戏达人

以特定产品售卖的方式变现。

美时美景型

凭借视频本身的体验感和沉浸感，依赖美景和发现美的眼睛，会给用户无法言语的美的感受，用户也愿意用点赞来给予回馈。这一类视频的点赞数会很多，有些甚至会成为爆款视频。一般会有两种发展趋势，一种是拍摄者的水平很高，在任何地点都可以拍出美得让人难以言喻的影像作品，类似于达人绝技型的内容；另一种则是出片的核心优势来自于拍摄者所处的地域，离开这里则不会再有优秀作品产出，因此即便点赞数和粉丝数会有爆发，但也只是短时现象。

↑ 图 8-39　以美景分享为主题的账号

↑ 图 8-40　画面漂亮，拍摄质量高，这种账号需要创作者有一定的拍摄技术

价值共鸣型

这种内容依靠内容和表达引发用户的共鸣，甚至达到了价值观认同。产生共鸣后会收获支持者的点赞，价值观认同则能带来追随式的关注。这类内容是否有长期关注的价值，主要和出镜者的人设有关，售卖的主要是与知识或者生活方式有关的产品，例如黑胶唱片、书等。这种强人设账号对于出镜者的要求较高，而且对于负面舆情在运营时要特别关注。

↑ 图8-41　价值共鸣类账号

↑ 图8-42　此类账号通常会采用图书和课程类变现方案

↑ 图8-43　知识类账号，把专业的知识讲述得轻松有趣

生活技巧型

这是一个可以产出大量视频内容的选题类型。这类内容很好地利用了用户的收藏心理，用户总会想，先点赞收藏，之后可能会用得上。喜欢囤积东西是人类共有的爱好，点赞收藏这类内容的短视频为用户提供了很好的心理慰藉。

此类视频现在原创的并不多，很多都是采用“搬运”形式来完成。短视频平台对于版权的管理会越来越严，非原创内容的高频更新和添加橱窗功能变现的方式，从长远来看并不值得推荐，除非账号主体有很好的原创能力。

↑ 图8-44 收纳类技巧分享

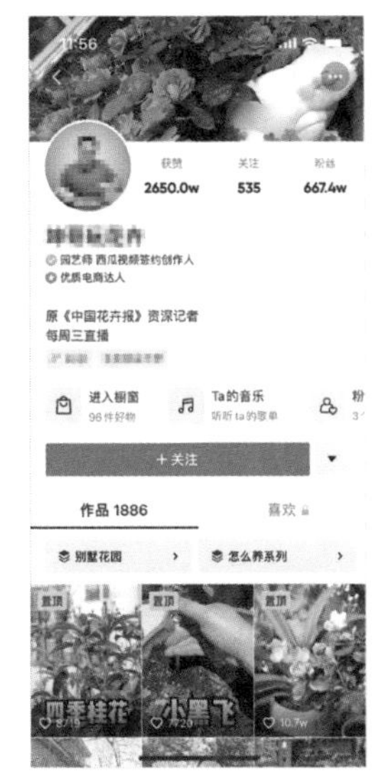

↑ 图8-45 花卉园艺类分享

↑ 图8-46 提升生活品位和生活质量的视频，此类视频的产品变现效果非常好

类型和变现

在起号时我们需要先想后做。以上已经列举出了主流的短视频内容类型，但是从得到的粉丝关注量、点赞数，以及内容发展经验来看，这些数据可能和变现并无太大的关系。所以我们现在需要进一步探讨，将我们的目的进一步强化出来。

首先，粉丝不在数量而在质量，很多高粉丝量的账号其实并没有办法直接变现。粉丝数是初始账号需要达到的指标之一，但是粉丝和最终变现人群需要有重叠。例如很多搞笑类内容的粉丝很多，但是这些粉丝并不是精准的购买人群，而只是为观看搞笑内容而关注的，仍需转化才能变成购买人群，此类粉丝的转化率很低。

其次，流量比粉丝重要。粉丝如同标记，他们会通过“粉”的动作联系到账号，换言之，账号即是店铺，相当于我们（粉丝）明确知道的身边的便利店和超市（粉的账号）。但是流量带来的才是到店人数，如同走进店铺的实际消费者，这部分数据才有转化变现的可能性。

成为粉丝对于找到店铺很便捷，但并不是产生购买的绝对前提。从产品售卖的角度来设计账号和内容才是捷径，一味埋头涨粉并不可取。变现是个系统工程，需要通盘考虑我们的运营方式，而方法就是从变现产品反推。

这里还会牵扯到账号属性、人设、产品、视频针对性、粉丝群画像、私域流量的打造等环节，如果任何一个环节不能指向最终的目标，那么对于工作的开展都会造成极大的困难。

8-10 如何做好选题

在明确如何做好选题之前，我们先要明白什么是好的选题。如果以短视频的数据反馈为标准，那么三句话可以解释好选题的标准。

做到有情决定能否留人，做到有趣决定流量上限，做到有用决定能否转粉。这三句话分别对应着完播率、点赞留言和关注。如果从数据标准反推，好选题的要求就是要有情建立情感共鸣，有趣打发无聊时间，有用持续体现价值。

了解选题关键词的热度对于选题能否成为爆款很关键，想要提前明确关键词的热度，推荐使用巨量算数工具。

↑ 图8-47　使用巨量算数，科学地分析选题关键词和主题，解析内容风向

← 图 8-48　在“算数指数”界面进行关键词搜索

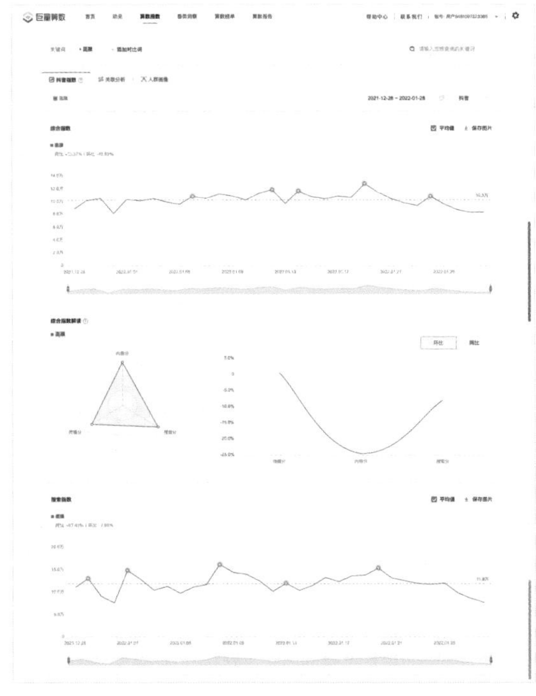

← 图 8-49　以面膜产品为例进行抖音指数的搜索，了解话题数据

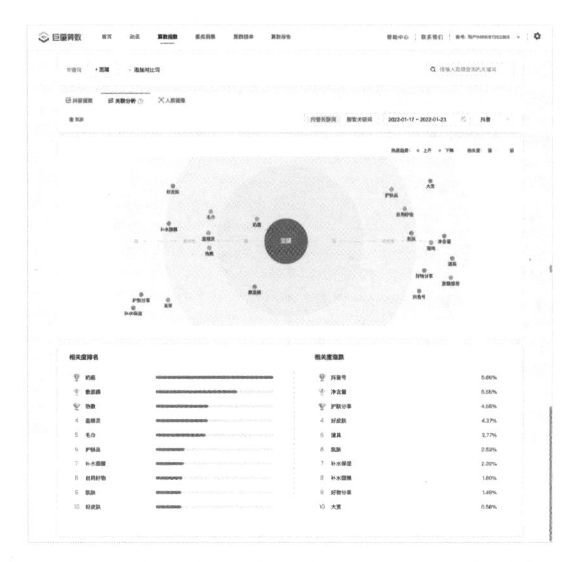

↑ 图 8-50　对关联关键词进行分析，这样可以延展选题内容

↑ 图 8-51　相关人群画像分析，可以保证话题落地更精准

↑ 图 8-52　在抖音界面直接搜索“创作灵感”，可以获得当下有热度的创作方向的推荐，对于“蹭热度”很有帮助

8-11 有没有做选题的好方法

如果只是创业的几人小团队，通过开选题会定选题其实比较麻烦，其实还有两个不用开会讨论就可以确定选题的好方法，只需要在话题时机和执行难度上做判断即可。

1. 4W+X方法

这是基于主题+环境参数的创意选题工具，X代表主题，即，你从事的行业所关注的主题，或者你想“蹭”的热点话题。

4W分别代Why（为什么？原因、好奇）、Who（谁？人群、行业）、Where（哪里？地域、场景）、When（何时？时节、时机）。

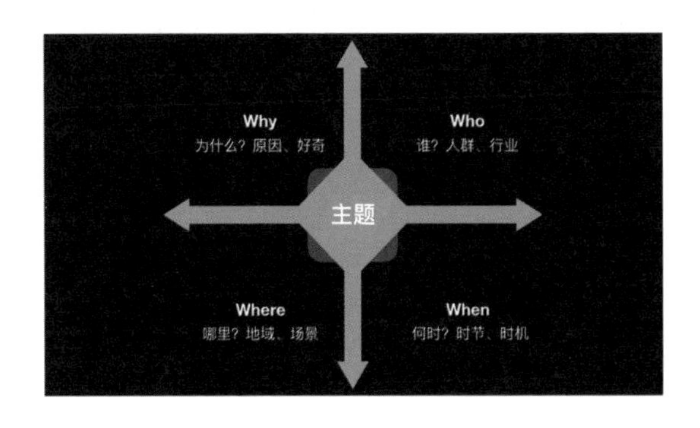

← 图8-53　4W+X话题图表

下面以减重为例进行介绍。

Why+减重：超重对于健康的影响？常吃这几种蔬菜，不挨饿也能月瘦十斤？哪个动作可以快速燃脂？

Who+减重：你敢相信吗？这就是减重的前后对比？从事这个行业有个好身材太重要了。美女私教的10个减重小技巧。

Where+减重：长沙还有这样的减重训练营，你见过吗？北京健身房大盘点。去三亚前快做这几组动作。

When+减重：春节假期的减重计划你做了吗？每天什么时候吃水果最利于减重？还不快来薅羊毛，健身卡打折季到了。

以上只是这个图表使用的简单示意，它还可以幻化出无数个选题内容，既可以是两组参数的组合，也可以是三组参数的组合，总之当你没有好的创意时，使用这个图表是一个好选择。

2. 选题自查

当我们有一个选题时，我们如何在执行选题之前就能大致判断这个选题只是特殊情况下提出的应急话题，还是一个有效的选题内容呢？这里再给大家推荐一个选题自查的好办法。

只要使用下表的内容做对照即可，全部都能做到，那么就是有执行价值的好选题了。

选题自查表

有情	1.我的选题和谁有共鸣？
有趣	2.我的选题有没有意思？感兴趣的人多吗？
有用	3.我的选题能帮助受众解决问题吗？这个问题的发生频次高吗？
受众人群	4.问题1和3的受众人群是否统一？他们和我的产品有关联度大吗？

→ 图8-54　选题自查表

8-12 产品文案怎么写

还是从逻辑下手来说明这个问题。首先我们为什么要卖产品？最直接的回答就是要挣钱。那用户为什么要买产品？因为产品可以给他们解决问题。很多人可能会问，产品是来解决问题的吗？如果产品是工具那可能是；但如果产品是饼干、裤子、手表这类的东西，那它们能解决什么问题？

饼干解决的问题是饥饿，裤子是蔽体，手表解决看时间的问题。那么再往下延伸，饼干—饥饿—营养，裤子—蔽体—保暖，手表—时间—机械表，我们还能接着细分延伸，饼干—饥饿—营养—粗纤维，裤子—蔽体—保暖—显腿细，手表—时间—机械表—身份。

经过这些罗列我们再来看产品，我们怎么写产品文案？需要明确拆分出产品的功能点来演化。针对短视频的特点，不求多，每集只讲一个点即可。

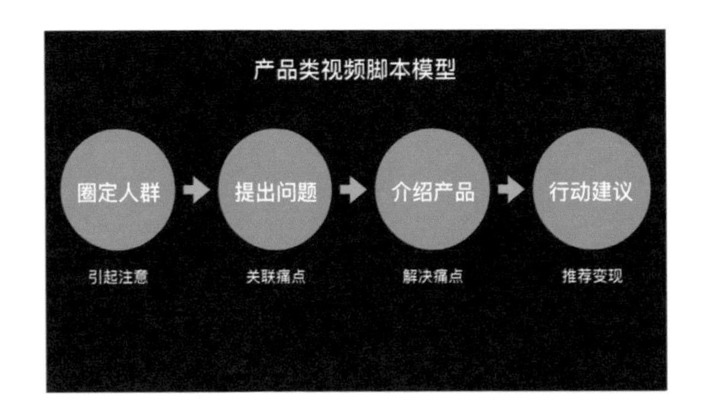

← 图 8-55 产品类视频脚本模型

从脚本时间线的角度来看，产品内容的展示结构可以分为：圈定人群、提出问题、介绍产品、行动建议，分别对应唤起粉丝的动作、引起关联痛点的核心、产品解决痛点问题的优势，以及下单转化的行动。这是最基础的版本，也是很多朋友用得到的产品文案写作结构。

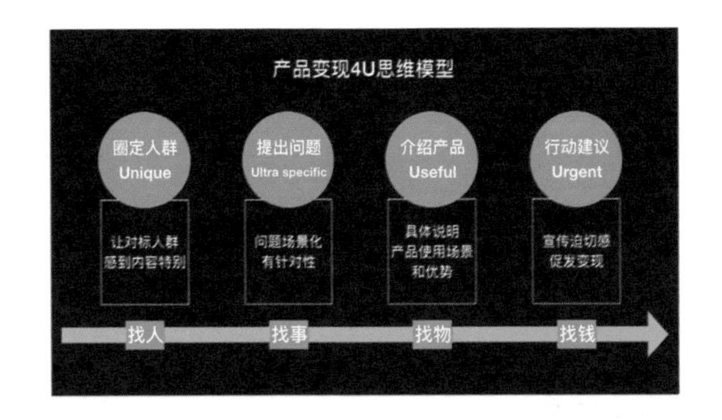

← 图 8-56 产品变现 4U 思维模型

如果希望能更加落地，我们可以进一步地分析文案的传达方式。如果只是观点和产品的罗列，而且使用生硬的表述，粉丝显然是不会喜欢的。那我们如何让落地更具效果呢？

我们需要使用到 4U 方法——Unique、Utraspecific、Useful、Urgent，它们分别代表着更深一步的细分表述，即对圈定人群进行特别需求的分析；使用场景化引出问题，这样更有表现力；通俗易懂地具体表述产品功能；制造急迫的场景进行变现转化。

文案的重点在于精准表现，所以功能表述中要明确到确切地细分优势上。比如效果即是能解决问题，裤子的裤型好，其实解决的是下半身体型的问题，那么显腿细和遮胯宽就是更加明确的功能优势。例如“产品文案怎么写”这样的标题，更具针对性的撰写方法为“一分钟搞定产品文案”。

8-13 故事类内容脚本怎么写

在短视频平台上有很多原创故事内容，它们都有很高的编剧难度。无论短视频还是电影，无非就是体量的不同，在编剧过程中都要遵守故事曲线，因为好的故事往往是一波三折的，要经历跌宕起伏又否极泰来的过程。

编剧故事的曲线可以理解为，好事和坏事不断交替，成功和失败不断交替，小的成功后面肯定会有大的失败，这就是典型的商业电影编剧套路，虽然套路但是很有效。观众喜欢得到问题被解决的快感，所以最终肯定是成功收场，问题得到了解决。

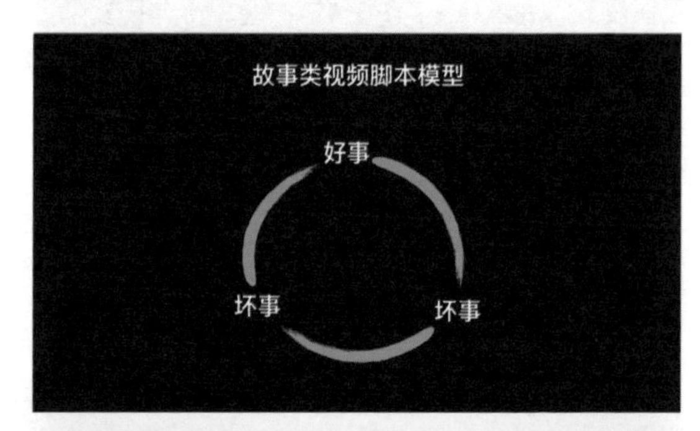

→ 图8-57 故事类视频脚本模型

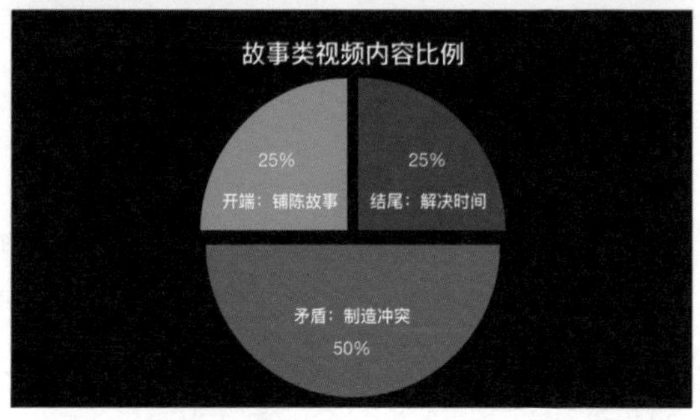

→ 图8-58 故事类视频内容比例

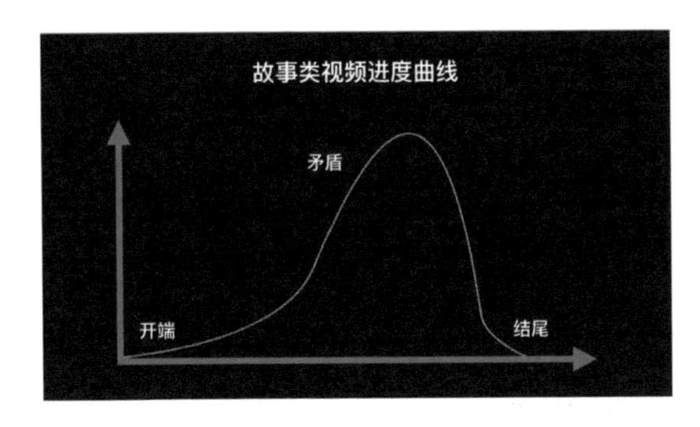

← 图 8-59 故事类视频进度曲线

短视频的体量小，其实更难做出波澜，这里可以使用简单的故事曲线，在短时间里保证有一个翻转即可。以一分钟的内容为例：开场直接进入主题，介绍背景占用10秒左右，然后进入冲突环节，故事展开使用35秒左右的时间，最后使用15秒时间解决问题，进入结局。

故事类短视频的门槛比较高，原创程度要求也比较高，否则人设无法立住。很多模仿影视剧桥段的内容严格上不算故事类短视频，只属于搞笑类短视频的范畴。

8-14 知识分享类的短视频脚本怎么写

知识分享类的视频内容是短视频平台比较火爆的选择。创作者把本行业领域里的知识传递给不熟悉这些的人，才能更好地体现出这类视频的价值，获得更多的点赞和关注。这类视频很多是纯技能方法论的输出，创作者可以根据自身的行业产品定位，以及与用户的互动，找到适合自己的教授形式，创作更符合自身产品调性的视频。

针对科普内容，最为流行的就是提问+回答式，比如“你知道世界上最小的鸟是什么鸟吗？”这是视频的提问句式的标题，也是内容的预告，因为后续的内容肯定就是围绕着这个问题来展开的。

所以做好这类视频内容需要牢记这条内容公式：内容=提出问题+赞评转引导话术+分析问题提供措施。

还有一类是通过反问式来达到内容呈现的目的。比如用反问句“难道你还在开燃油车吗？”来希望能引起相关用户的共鸣。这类内容也有结构设计，比如：内容=直击问题+赞评引导话术+解决办法（有步骤体现）+事实印证+标语。这样就可以制作出比较完整的视频了。

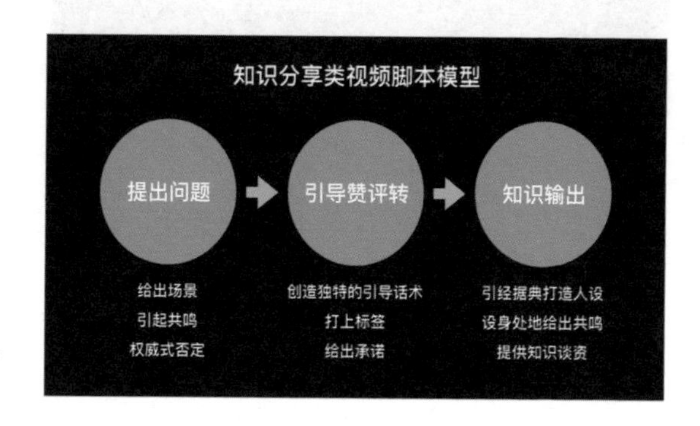

→ 图8-60 知识分享类视频脚本模型

8-15 Vlog的脚本怎么写？

Vlog就是视频日记，我们可以把这类视频都笼统地归类为事件过程的呈现。Vlog可以简单理解为流水账，好与坏主要看节奏，所以我们需要有一套明确的此类视频的脚本模型，按照流程和时间节点设计好视频内容，满足观者的好奇心。

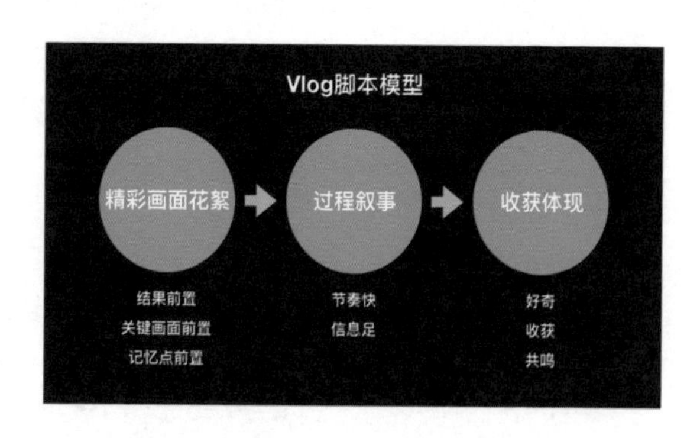

→ 图8-61 Vlog脚本模型

在短视频中，讲究结果前置，视频中最精彩的部分，一定要放在最前边。比如做菜的视频，肯定会先把出锅摆盘上桌放在视频前面展示，这样大家才知道最终期待的内容为何，才会跟随观看。拍摄过程中节奏要快，可以使用大量的素材并进行画面切换，再加上卡点音乐，信息量足就会让用户觉得你的视频有意思，避免让用户觉得看你的视频节奏太缓慢。最后要有总结收获，一定要产出意义，这样用户才感觉他在做一件有意义的事，而并非虚度时光。

8-16 没有编导和拍摄能力怎么做短视频

很多想要进入短视频平台创业的朋友往往都会提出这个问题，心有余而力不足，被编导和拍摄的技术给难倒了。

首先短视频的编导和拍摄并不那么重要，反而用户看的就是这种"拙劲儿"，只要是真实的生活就好。短视频平台的视频内容就是以原生态的记录创作为主，甚至很多机构还在模仿这类拍摄的感觉，这种"扮猪吃老虎"的具有亲和力的内容，可以快速拉近账号主体和用户之间的距离。

另外，如果不会编导和拍摄也没有关系，短视频看的是故事，至于如何表现，有千万种方式，只要你是个有生活的人就好。故事源源不断，再配合一些工具就可以很好地完成编导和拍摄了。

↑ 图8-62　下载"巨量创意"，在使用前可以选择自己准备从事的领域

这里我要介绍抖音的巨量创意App，它就是针对编导和拍摄能力尚存问题的用户开发的，可以立竿见影地解决不会写、不会拍、没人看的问题。不管是运镜方向、构图设计、

机位展示还是一键剪辑、批量制作，这些都能轻松解决。

该App针对各个领域均有详细的分类，例如餐饮服务、生活服务、快速消费品、3C电器、餐品饮料、服装配饰、招商加盟、教育培训、家具建材、汽车工具类、软件等。这些都是短视频平台主流的赛道内容，也是需求量最多的话题内容。针对不同的行业、不同的产品，App提供有丰富精准的参考素材。

关于镜头解析和拍摄步骤，用户可以根据自己的需求进行尝试和学习，App中有相应的页面来拆解拍摄方法和镜头设计。视频模板里还有适合产品视频使用的滤镜效果、文字效果、转场效果、曲线、视频特效等，再直接搭配广告视频模板使用，可以让视频看起来很高级。

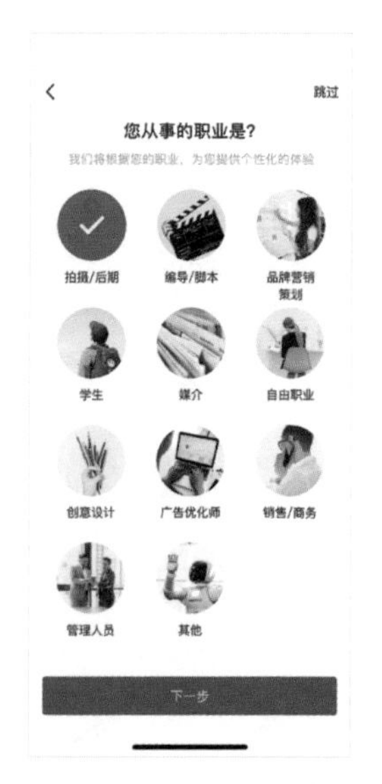

↑ 图8-63　对职业做选择，App会做出精准的学习内容和参考内容推送

↑ 图8-64　针对公司类型推荐可参考的内容案例

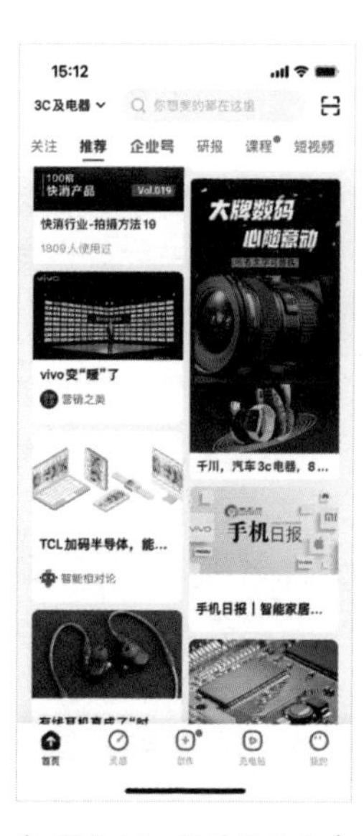

↑ 图8-65　针对行业和身份形成内容推荐页

↑ 图8-66　最简单的使用方式就是寻找模板，更换其中的字幕文字

↑ 图8-67　可以根据不同产品来拆解镜头，跟着教材一步步地学习拍摄

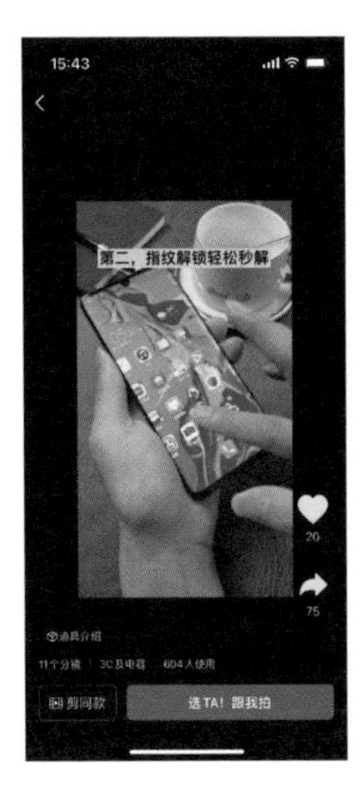

↑ 图8-68　针对同类产品，可以直接选择拍摄同款和剪辑同款的方法，快速出片

↑ 图8-69　巨量创意针对不同行业都有定期推荐的模板或脚本供参考

教学镜头功能都标注有拍摄步骤，方便理解学习，参考其中的结构和镜头运动拍摄，即便你仍是摄影小白，只要你会用手机，即可快速出大片。具体的使用步骤如下。

首先，根据封面提示的行业，选择运镜方式、拍摄技巧，以及需要的拍摄模板；之后进入教程和页面，预览教程；最后，可以在学习完毕之后，点击跟着拍，直接跟拍。

除此之外，很多在抖音平台上能看到的内容展示方式，在“巨量创意”中也可以实现，“巨量创意”甚至还可以直接将视频发布到抖音平台。

“巨量创意”是对小白用户非常友好的软件，而且还有网页版可以提供更加丰富的功能。短视频平台不仅仅需要更多的视频内容，还需要用户不断提升其拍摄制作能力。土和俗套只是现状而不是未来，放低门槛也只是为了让更多的用户加入平台的运营策略，并不代表迭代的方向，唯有不断地学习才能追赶上平台进化的步伐。

↑ 图8-70　对于热门行业有成体系的教学类分享

↑ 图8-71　在“充电站”中可以成体系地学习编导和拍摄知识

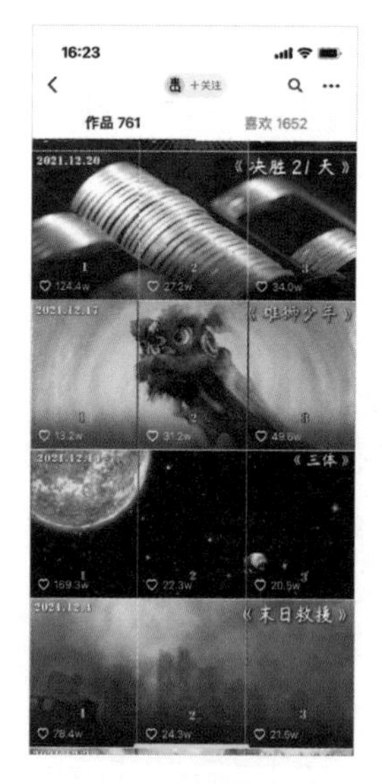

↑ 图8-72　系列短视频使用三联封面，账号主页会非常有条理，显示专业度

↑ 图8-73　统一片头风格的账号

↑ 图8-74　“巨量创意”的创作界面，封面选择和拍摄剪辑工作都可以在这里完成，还可以直接发布短视频

8-17 如何使用手机拍好短视频?

常常有人说，手机都能拍得这么好了，还需要相机做什么？这是个偏严肃创作和偏快速分享的人经常碰撞的话题。手机的优势在于便捷、门槛低、全流程高效完成，甚至仅靠一个大厂的App就能从拍摄到剪辑，再到分享完成全部工作。但本书中也提及了，手机拍摄也有弱势，比如感光元件一般较小，使得景深呈现不明显，大多数情况下表现为前后景全部清晰；由于感光元件小，画质一般也不佳；夜景视频的拍摄能力也较为普通；带有光学变焦的手机寥寥无几，而数码变焦往往会有损画质。这些劣势都使得手机在用于严肃创作时受到诸多限制。

但我们如果能充分理解手机的这些特性，扬长避短，同样也能利用手机拍出很不错的画面。景深和对焦点的问题主要影响着画面的关注点，我们可以通过选择合适的环境，突出主体来解决。手机的画质肯定不如相机，但我们可以通过拍摄4K（前提是手机支持4K等高分辨率），再将视频缩小为高清的方法来改善画质。另外，如果手机拍摄的画面只是在手机的小屏幕播放的话，那么这些差距其实并不明显。在短片拍摄中，手机由于其小巧的特性，经常作为特殊机位或B机用来拍摄辅助画面。只要避开手机拍摄的弱项，手机一样能够为我们带来不错的画面。

← 图8-75 手机拍摄尽量使用4K分辨率

8-18 打算买相机拍视频，是一步到位还是循序渐进?

问这个问题的朋友，一般都是刚入门甚至还没入门的初学者。有些人希望老手能够给他们推荐一个型号，满足一步到位的需求，但这其实是不合适的。循序渐进虽然会多花一些钱，但它带来的经验会远远超过这些钱的价值。

对于提出这个问题的朋友，他们往往不知道自己的需求。自己想拍何种题材？想做什么用？想以此谋生还是作为爱好？这些问题他们经常自己也不清楚。而且很多人会想要一部面面俱到，什么都能拍，什么都拍得好的相机。当然这是不可能的。所以首先要自己知道自己想要什么，是最重要的一点。自己有了思考，才能做出合理的判断和选择。比如比较喜欢风光，那自然就会关注广角镜头；比较喜欢星空，那自然会关注高感画质好的机型；觉得相机拍摄太难了，还是用手机适合，那自然会研究手机的拍摄技巧。这都是一个循序渐进的过程，一步到位是不能兼顾所有情况的。我们也可以从购买二手器材起步，循序渐进，慢慢找到适合自己的题材和设备。

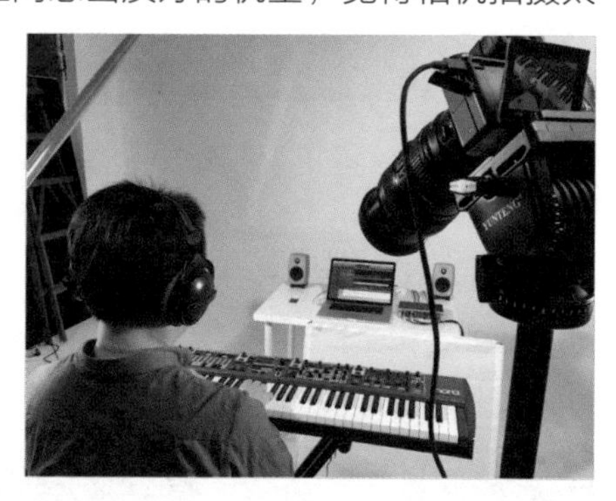

↑ 图8-76　选择合适的设备进行拍摄，即使不是昂贵的设备，一样有用武之地

8-19 如何能将普通的事物拍出“陌生感”？

拍出“陌生感”是广告拍摄中经常出现的词语，是广告摄影中的一大挑战，不仅如此，对于我们短视频一样也具有挑战性。如何将普通的事物拍出与众不同的画面，需要我们不断地探索，找到新鲜的拍摄视角。

这个视角可以由很多角度来考虑。从拍摄技巧上，我们可以从机位的选择、拍摄角度的选择上来突破。比如以往在拍摄美食的画面时，我们总是拍摄美食的外部，一旦有可能进入美食的内部，那带来的画面就可以非常容易的得到“陌生感”。老蛙的探针镜头是拍摄这类画面的得力武器，它可以伸入狭小空间中进行拍摄，不少影视级别的画面都是由它拍摄完成的。对于日常短视频，我们也可以用GoPro、Insta360 Go等运动相机拍摄。

← 图8-77　使用老蛙探针镜头伸进狭小空间进行拍摄

不寻常的机位运动，也是营造“陌生感”的常用方法。很多酷炫的镜头，都与机位的运动有着紧密的关系。我们可以看到在一些广告中，机位不仅仅是单一方向的运动，还同时带有旋转、升降等等运动。机位运动与镜头的设计调度有很大联系，也是拍摄的挑战。

除了机位，我们还可以在光线造型上塑造形状，通过边缘勾勒，拍摄出“陌生感”。很多产品广告的前几个镜头，常用边缘扫光加微距拍摄的方式，来勾勒边缘，通过拍摄局部来营造神秘气氛，到后边的镜头才露出整个产品的画面。用光塑形，是制造“陌生感”的常用手法。

← 图8-78　使用光影勾勒边缘表现“陌生感”

此外，我们还可以用更慢的高速升格来体现“陌生感”。如现在常见的升格是120fps或240fps，如果能有机会用到1000fps的拍摄设备，那带来的画面自然更加震撼。

这些玩法是无穷无尽的，现在的拍摄设备越来越丰富，如何拍出“陌生感”，也需大家不断探索。

8-20 阴雨天的拍摄应该注意什么？

在自然光拍摄中，阴雨天是一种比较特殊的情况。此时的天空是一个巨大的柔光光源，形成不了影子，我们无法利用阴影营造立体感。天空部分的色温会比较高，景物会被淡淡的冷色光所笼罩。

在阴雨天拍摄时，天空的亮度和地面的亮度会有比较大的差距，天空一般会比地面亮，它们之间的动态范围很宽。我们可以发现，在阴雨天同时拍摄到天空和地面时，如果地面的曝光正常，那么天空往往会过曝，导致不仅细节丢失，也看不到层次。一般我们有下面几种方法来改善这个问题。

从拍摄技巧上看，我们可以在构图时，避开这个缺陷，即，让天空在画面中占据较少的面积，或者也可以寻找一些前景，让它遮住天空的一部分。另外，阴雨天时拍摄，我们可以用其他元素来进

↑ 图8-79　阴天拍摄时，往往不容易兼顾天空和地面的曝光

↑ 图8-80　例如，左图中的天空曝光正常，但路面欠曝；右图中的天空欠曝，而路面曝光正常

行环境的表述，比如我们可以通过拍摄地面积水的倒影、玻璃窗上的水珠或是人物的衣着和状态来表现阴雨的情境。

从设备上，我们同样也有操作余地。由于天空和地面的亮度动态范围很宽，因此我们可以选择宽容度较大的设备或模式进行拍摄，比如用手机的HDR模式或相机的Log模式拍摄，当然能拍摄RAW视频是最好了，这样，在后期调色时，我们就能对天空有更大的调色空间，这是比较高级的技巧。另外，我们也可以使用渐变ND滤镜加在镜头前，对天空进行减光。

↑ 图8-81　采用地面积水倒影来表现雨天

↑ 图8-82　采用玻璃窗的水珠来表现雨天

8-21 哪些拍摄附件是初学者优先推荐购买的?

在拍摄视频的过程中，不可能只用手机、相机、摄像机就能完成拍摄，拍摄附件是必不可少的。那么，在众多的拍摄附件中，作为初学者，最先应该购买什么呢?

答案必定是三脚架。任何视频的拍摄，大到影视剧，小到短视频，都会使用到三脚架。对于三脚架，首先是以预算为前提，以拍摄题材为主，功能性和便捷性为辅进行选择。市面上的三脚架很多，但对于初学者，还是应该选择一个具有正常高度的三脚架，以满足

→ 图8-83　桌面三脚架除了放置于桌面，还可以放在狭小空间

大多数拍摄的需要。之后有经验了，再根据自己的创作意图和题材，选择桌面三脚架或带有中轴横置的特殊三脚架。

下一个推荐购买的是稳定器。虽然现在有些手机、相机拍摄的画面已经比较稳了，但如果要实现非常流畅的运动画面，稳定器还是能带来明显的提升的。而且它能模拟滑轨、模拟摇臂，还能多人接力实现复杂的运镜。对于运动拍摄，稳定器是非常重要的。

有了三脚架和稳定器一般就能满足多数画面的拍摄了。在初学者对画面把控有了一定的经验后，就可以在声音和灯光上再进行挖掘。这时，再考虑选择指向麦、领夹麦、口袋灯、棒灯等，乃至更专业的设备。因此，不建议初学者刚开始就购买很多附件，毕竟初学者还对自己的拍摄主题和创作意图没有概念。先从拍得到，再到拍得好，再到拍得精，在这个进阶的过程中，初学者对创作会不断有自己的理解，对附件的选择也会越来越有针对性。

↑ 图8-84　在小型拍摄中，稳定器的用途非常广泛

↑ 图8-85　初学者可以从小型灯光开始购置

8-22 如何摆放能让麦克风发挥应有性能?

麦克风作为收声的设备，是需要一定的使用基础的。我们需要了解手里的麦克风的特性，才能用最合理的方式使用它。

麦克风如何摆放，是使用麦克风的重要技巧。对于每种使用环境、每一类的麦克风，摆放的方法都不一样，这里仅对日常短视频拍摄时的情况简单进行介绍。

在摆放前，我们先要了解麦克风的性能，尤其是指向性。对于具有指向性的麦克风，我们必需要将它对准音源，才能收到较好的声音。这不论是对于录制室内的出镜讲解，还是录歌，都是如此。

录制人声讲解时，要注意嘴部与话筒指向的夹角和距离，最好的状态是话筒对准说话者的嘴部，这时，录到的声音在各频率上都是比较不错的。如果嘴部与话筒指向有比较大的夹角，那么录出来的声音就可能在某些频率上出现丢失，音量也会较小。一般对于心形指向的麦克风，夹角控制在45° 内比较合适。

嘴部和麦克风的距离也很重要。距离近了，容易录下喷麦声；距离远了，容易使音量不够，后期增强的话，又会使噪声明显。对于我们日常用的多数麦克风，嘴部与麦克风之间的距离在20cm～30cm比较合适。

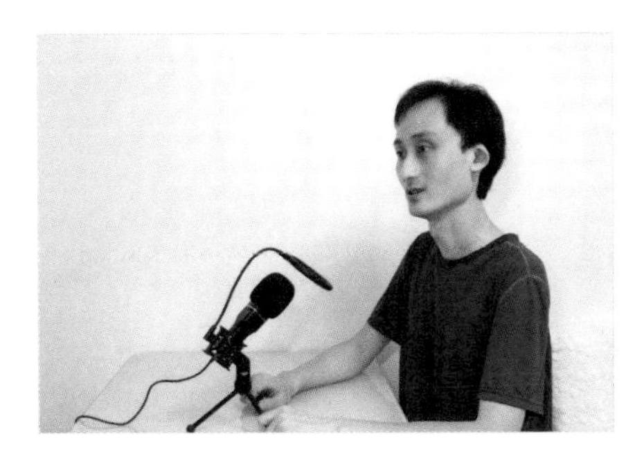

← 图8-86 录制人声时的麦克风摆放建议

如果是录歌这种对声音要求更高的情况，那么麦克风的摆放也更复杂。录歌时，由于气息的浮动比说话大，因此更容易出现喷麦声和呼吸声，如果我们在上述的20cm～30cm内的摆放距离下仍会出现明显的喷麦声或呼吸声，那么可以尝试往后推到两倍的距离，再稍加音频增益来调试。如果还比较明显，则可以从多个方向来微调指向，比如在水平方向指向鼻子，或从与眼部齐平的位置指向嘴部等。

另外，对于采访类视频，经常会用到领夹式的麦克风（俗称“小蜜蜂”）。这类麦克风的拾音头具有很好的全指向性，我们在使用时，同样需要通过测试来找到合适音量的距离；同时，还要注意避开与衣服摩擦，否则容易出现摩擦声。如果需要将拾音头隐藏，或完全避免摩擦，那么可以尝试用大力胶以“叠三角”的形式将拾音头粘在衣服上。

↑ 图8-87　录歌时麦克风的摆放建议

↑ 图8-88　使用“叠三角”的形式将拾音头粘在衣服上

8-23 相机的Log模式好在哪？初学者应该选择Log模式拍摄吗？

现在很多相机在拍摄视频时，都可以选择Log模式。索尼有S-Log，佳能有Canon Log，松下有V-Log。很多专业人士也对Log非常推崇。Log模式的出现，很大程度上改进了拍视频时宽容度不够的问题。对于宽容度不够，有个很常见的例子，即我们在树荫下拍摄反光墙面时，容易看到要么树荫阴影曝光正常，反光墙面细节过曝丢失，要么墙面的曝光正常，树荫下的树叶欠曝细节丢失，即，无法兼顾树荫和反光墙面的曝光使二者均正常。但在Log模式下，很多时候就可以兼顾这两者，同时保留室内和窗外画面的细节。

← 图8-89 使用Log模式拍摄的画面，可见高光和暗部的细节都得以保留

如果因为过曝或欠曝，细节丢失了，那么后期即使调整，也很难还原回来。只有拍到了细节，才能轻松地在调色环节加以还原。但对于初学者，问题也在这儿了。使用Log模式虽然有宽容度大的优势，但它的画面是灰的，需通过调色操作才能还原出正常色彩，或进行更充分的风格化调色。这对于初学者显然有更高的要求，没有调色经验的话，反而往往不如直接拍摄来得好。而且调色还会花费更多的时间，这对于有出片时间限制的拍摄，肯定是不如直接拍摄来得高效。

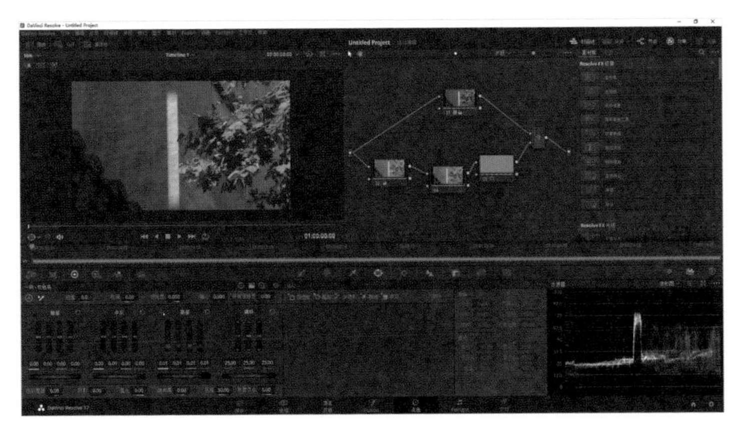

↑ 图8-90 使用Log模式需经过调色才能发挥强悍的性能

实际上，这个问题在专业拍摄中也面临这样的问题。比如拍摄具有时效性的新闻，就几乎没有人用Log模式拍；而对于纪录片、影

视剧，几乎都是Log模式拍的，因为他们有更充裕的时间进行后期调色。因此，对于初学者，或希望进行快速创作，用正常模式直接拍摄是更合适的。而遇到的宽容度不足的画面时，我们可以对暗处补光，或设计分镜头，改变拍摄角度，避开这些位置，或利用HDR功能拍摄（如果拍摄设备具备该功能）。这都是初学者从入门到进阶经常需要解决的。

→ 图8-91　在一些带有HDR模式的机型中，也能直接拍出高宽容度的画面

8-24 为什么用了电影色调，“电影感”却不明显？

很多人认为，用了电影胶片风格的色调，用了2.35:1的遮幅，又用了24P拍摄，就应该具有“电影感”了。但如果真的在一部电影和具有“电影感”的个人短片之间对比的话，我们还是能感觉到一些差距。这不仅仅是字面上的区别，而是因为在实际的创作过程中，有本质的不同。

电影是团队协作的影视工业产品，它的流程与分工明确，而我们在个人拍摄短片时，一般是不具备这样的条件的。从硬件上而言，最能为电影带来“电影感”的，不是高级的能拍RAW的电影摄影机，而是灯光。电影是用光的艺术。在电影的拍摄过程中，灯光的重要性甚至超过电影摄影机。光能塑造氛围、刻画轮廓。而我们在个人的拍摄过程中，没有灯光团队在各个地方帮你布置灯光，大多数时候仅是利用自然光拍摄。由于“光”这个电影精灵的作用没有体现出来，即使用了电影的色调，没有光影作为先决条件，也仅是色彩的展现而已。这与我们随意拍一张照片，再用上一个日系滤镜，会发现还是和真正的日本浪漫电影的画面效果有差距是一样的道理。

电影是声画艺术，声音同样具有强大的表现力，甚至在一些桥段中，即使没有画面，只给出一些音效，我们也能感觉身临其境。而在个人短片的制作中，很多人忽略了声音的作用，在拍摄时没有注意收集现场声，在制作时也没有加上音效，这就使得影片整体“似乎欠缺了一点什么”。

↑ 图8-92 影视创作中，灯光是营造“电影感”的关键因素

↑ 图8-93 在拍摄现场，推荐同步录制现场环境声

不论是电影还是纪录片，在拍摄时，是有导演在创作的。我们个人在拍摄短片时，也要逐渐培养导演的思维，否则只是随意拍的话，在剪辑时就会觉得很难理出头绪。

一个短片是否具有“电影感”不是单从电影色调画面就能决定的，它需要多方面的细节来辅助，这些也是创作者需要长期磨炼的。

8-25 如何模拟航拍画面?

使用无人机航拍，必须在禁飞区之外拍摄，那么对于禁飞的城市，或者机场附近的朋友，就无法使用无人机来进行拍摄了。但是，我们可以采用其他一些方法，来模拟小范围内的航拍。

例如可以用一个带有广角镜头的拍摄设备，配合一根长的独脚架或自拍延长杆进行拍摄。对于拍摄设备，GoPro或Insta360 One系列等运动相机，是与无人机的视角比较接近的，当然，我们要将它设置为“线性”模式。它们自带的防抖功能都已经比较成熟，直接使用也没有很大的抖动问题。如果想要更好的画质，我们可以使用相机加稳定器，再加上独脚架的方式来拍摄。

↑ 图8-94　使用自拍延长杆配合运动相机，模拟航拍画面

这套系统可以用来模拟一些高度较低的航拍画面。比如抬起独脚架，可以模拟无人机水平起降的画面。利用前景进行横移，可以模拟无人机横移的画面。正向或反向跟拍，可以模拟正飞或倒飞的画面。围绕着人物旋转，可以模拟类似兴趣点环绕的拍摄效果。将独脚架举高，贴近建筑物的边缘运动，可以模拟无人机贴边飞行的效果。

受限于独角架的长度，我们只能模拟出飞行高度较低的航拍感，但这已经能解决相当一部分的问题。模拟航拍还有其他解决方案，相信各位一定能利用自己的聪明才智，研究出更多的玩法。

8-26 初学者在无人机航拍时需要注意什么？

航拍现在已经越来越简单了，无人机也越来越智能，但是，即使无人机有蔽障、一键返航等各种自动功能，我们也需要有对于航拍和无人机的操作自己的理解。这就如同开车，即使有导航，我们也需要按实际路况加以判断。

无人机是个航空器，它的飞行限制很多，有自然条件的限制，也有规则的限制。自然条件比如大风、沙尘等这类不适合飞行的天气，就需要我们根据现场情况加以判断，但一般都不难。规则的限制比如禁飞区，或临时的禁令，这些一般都会在地图上显示出来，我们务必严格按照规定来执行。

自然环境的挑战在于多变，比较常见的如风速。一般无人机都会写明能抵御5级风，也就是约10m/s风速的风。但地面附近的风速与高空中的风速一般是不同的。无人机升到一定高度后，我们经常会看到“风速过大”的提示，这时，是否适合继续飞行的判断标准，就是无人机能否保持静止。如果风速大到无人机无法静止，那应该下降高度，选择更稳妥的角度拍摄。如果不理会提示，则很可能会产生无法返航的情况。这时就只能选择其它位置降落了。

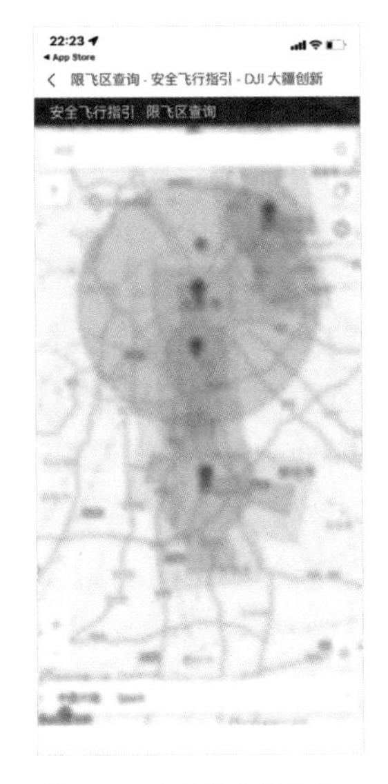

图8-95　处于禁飞区内绝对不可以自行进行航拍

另一个挑战在于低温。在冬季拍摄时，电池的放电速度会更快，对于没有电池加热的机型，它的拍摄时间将远不如正常温度，甚至可能只有一半。因此，对于这种情况，我们需要减少飞行时间，提前设计好拍摄位置，给返航留出宽裕的时间。

在航拍时，我们需要严格根据App的提示进行操作。如果建议返航，那么一定不要贪念多拍，虽然返航的时长一般都是留有余量的，但无法保证返航时风速等环境会不会发生改变。另外，现在一键返航的技术已很成熟，我们完全可以信赖自动返航功能，或在降落前手动调整，而无需全程手动返航。

8-27 如何上传清晰的视频

如何提高短视频在平台上的清晰度其实是一个系统问题，并不只是选择更好的设备这么简单。这里会从拍摄、设备、后期3个方面来简单介绍。

对于前期拍摄而言，制作感或者清晰度的体现主要来自光影。创作者一定要用摄影师的思维来布置画面。

1．看着别扭的物品一定要规避。很多人在拍摄时看到背景有别扭的物品，依然“坚持”拍摄。一种可能是他当时没有意识到不雅观，另一种可能是他根本无所谓，还有一种可能是认为后期可以处理掉。这里要说的是，拍摄时一定要保证取景框中的画面是环境中尽可能完美的画面，要将那些不需要或不雅的物体去掉或者通过挪移位置来规避掉。在前期拍摄时尽量避免给后期制作找麻烦，后期是锦上添花的，并不是雪中送炭的。

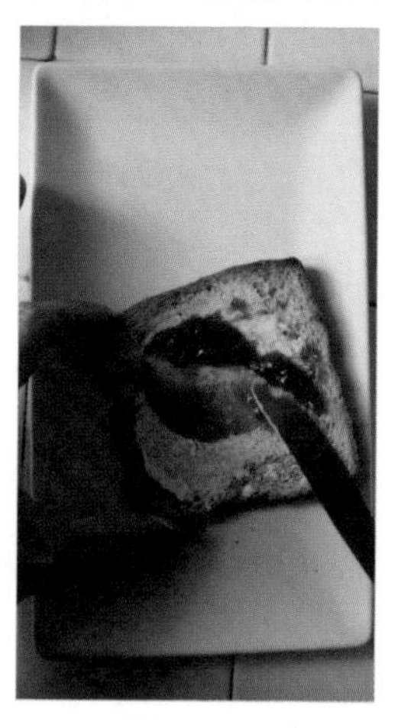

↑ 图8-96　主体画面干净

2．学会装饰画面。适当地为画面搭配色彩，也可以使用前景遮挡或者背景模糊的方式来突出画面主体。主播的服装也要和拍摄环境和谐。在拍摄前要先针对主体、背景、前景等方面进行简单的思考，不要冲动拍摄，思考后再拍会对拍摄出的画面效果有极大的好处。

3．学会打光。漂亮和清晰的画面都和光影有关，打光并不是单纯地把人、物打亮，而是做出造型，让主体更加突出。

当主体与背景有对比的时候，主体就比较清晰了。如果没有了对比，主体可能没有那么清晰，这种时候可以选择给主体打光。主体亮起来，背景相对变暗了，主体就会清晰一些。当背景暗到极致变成黑色的时候，主体也会更为清晰。在日常的拍摄中，只要光影处理得好，无论是用手机还是相机拍摄，很多瑕疵都会被忽略掉。除了前期拍摄的技巧，设备的选择也很重要。建议初创账号时使用手机即可，其分辨率指标和大部分相机基本一致，且都有4K或HD画质可以选择，

↑ 图8-97　使用前景遮挡

与专业相机相比无非就是因为感光元件尺寸太小，而使拍摄画面的细节会略有不同。手机尽量选择各大品牌的旗舰版、高配版。使用相机拍摄的好处是，在正常拍摄下，主体与背景均清晰可见，针对拍摄需求，除了画面更清晰，背景也可以得到虚化。相机可以通过更换不同的镜头得到不同的画面感受，还可以通过增加附件来提升相机的运动控制方式。例如增加手持稳定器，拍摄平稳的运动画面；添加麦克风，录制干净清晰的声音。

设备的选择总是这山望着那山高，对于器材党来说，永远没有尽头。这里提供一个笔者的小经验，即选择最接近你预算计划范围上限的设备，相信一分价钱一分货这句话表达的朴素逻辑。购买之后就去使用，没必要再看其他的设备和参数。设备之于摄影师是用来拍摄，重要的是用设备，而不是看设备。

对于后期制作，各平台支持的主流分辨率还是高清（HD），有1080和720两个分辨率可选。其实720P的视频就已经足够满足平台发布要求了，这也是非常经济均衡的分辨率尺寸。如果想要视频清晰度更高，还可以使用4K分辨率进行拍摄，后期再变换为HD尺寸，这也是提升清晰度的一个小技巧。

↑ 图8-98　有反差的画面主体清晰

↑ 图8-99　没有反差的画面主体不清晰

↑ 图8-100　背景虚化

8-28 如何投放DOU+

如果你是想要提升短视频的流量，可以选择投放DOU+。我们可以点击短视频界面的分享按钮，点开过后，就出现DOU+的图标。

点击该图标之后进入DOU+的详细界面。这里可针对不同的流量转化进行细化的设置，顾名思义，这些都是短视频运营中非常重要的指标。其中“线索量”功能需要特别说明，这是针对企业用户的推广功能，可以通过视频和落地页展示要推广的产品或服务，吸引潜在的用户，也可以让有意向的用户直接通过电话或者抖音内的私信功能进行联络。

除了性别、年龄这两个用户身份参数外，针对地域还可以做精细的设置，这样对于抖音“同城”功能的运营会非常得心应手。很多代运营公司，也可以通过这样的方式来完成运营指标。

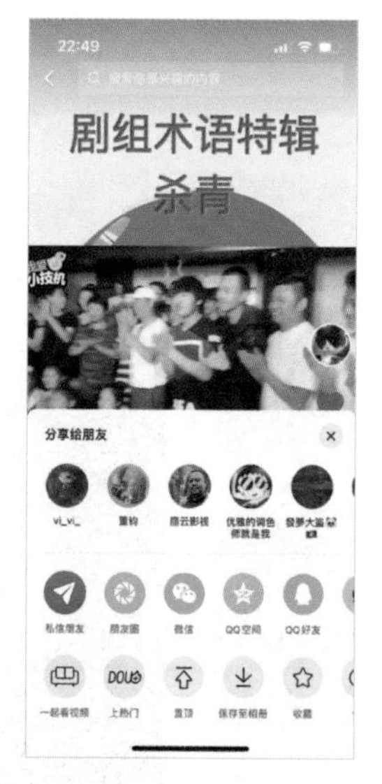

↑ 图8-101　点击短视频右下角的“…”，进入菜单栏，选择DOU+“上热门”

↑ 图8-102　DOU+上热门的设置界面

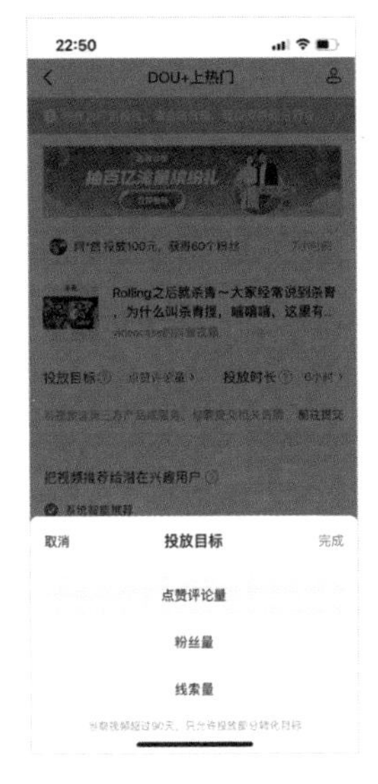

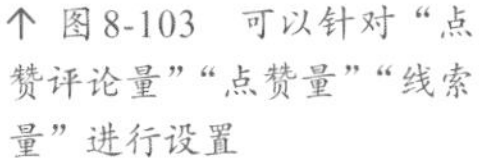

↑ 图8-103　可以针对“点赞评论量”“点赞量”“线索量”进行设置

↑ 图8-104　“线索量”可以帮助企业用户进行明确的落地推广

↑ 图8-105　DOU+投放时长最短为2小时

↑ 图8-106　投放时长最长为30天

↑ 图8-107　针对受众人群进行选择，可以使用“系统智能推荐”或“自定义定向推荐”

↑ 图8-108　自定义推荐选项内容非常细致，可以按照用户画像的方式来进行精准投放

8-29 如何通过DOU+测试短视频内容策划能力

DOU+是抖音平台知名的流量推广工具，除了已知的推广功能以外，其实它还有一些隐藏的小技巧，比如它可以帮助测试短视频内容策划是否得到受众的喜爱。

那么为什么要测试呢？其实这就是针对新建立账号进行“试错”的反馈。一个新的账号要去设计自己的短视频内容，但粉丝量太少，无法确定策划和市场需求是否达到真正匹配。等待粉丝量达到一定数量再进行测试是一个解决办法，但是这样操作时间耗费太长，会错过账号发展的窗口期。

而使用DOU+买入一些流量来获取更多的样本数据，就可以大大缩短前期的时间。之后当账号遇到流量瓶颈时，同样也可以通过这样的方式来进行测试。这个方法无论对于单个账号的运营，还是账号复制形成的矩阵都有催化作用。

但是有一点需要强调的是，DOU+是一个锦上添花而并非雪中送炭的流量工具。当作品品质好的时候，它能够以更大的概率让作品曝光，不被埋没掉；但是如果作品内容是劣质的，即便投放了DOU+也是很难将这个作品推上热门的。因为毕竟内容才是抖音的内核。

那具体如何操作呢？因为希望获得自然反馈，所以在期望提升这里，选择“点赞评论量”。然后关于投放时长的选择，尽量选择能够覆盖当下作品发布时间之后的人群活跃高峰期。比如说下午两三点左右发布，那完全可以只选择6小时的投放时长，这6小时不仅可以覆盖掉5点—7点这个饭点的人群高峰期，还可以覆盖掉8点—9点左右的人群高峰期。通过投放时间来做延伸覆盖，目的就是获得给目标人群最多的推送机会。投放金额可以选择少量多次投放，因为DOU+投放本身就是以测试为目的的，所以没有必要投放很多，可以先投放100元，得出了数据反馈后，再选择是否要去追加投放。这就是有计划性的、合理的投放方式。

通过DOU+投放可以让新手初期就能得到更多的数据反馈，进行内容方向及结构的优化。因为多一些数据样本的收集，数据会更客观，更有利于内容的提升和整改，不至于让优秀的内容被埋没掉。

↑ 图8-109 选择“点赞评论量”

↑ 图8-110 选择投放时间为6小时

↑ 图8-111 投放100元

8-30 如何使用DOU+对直播间进行引流?

首先要针对高播放量的短视频进行DOU+投放，从而提升直播间的流量。这样通过视频跳转到直播间的流量会很大，但是闪现之后，跳出的流量数据也会很大。所以这里要说，DOU+可以投，但是需要直播运营的内容一定得接得住。因此关注内容是最重要的，DOU+只是锦上添花。

其次，直播间观看人数是否出现下滑?如果直播间热度不够，或者粉丝不够，或在线人数不够，那么DOU+投放就是可以快速地让更多粉丝了解产品的机会，可以激发潜在用户。

再次，通过直播，再配合其他风格的短视频来进行引流，不要只以单一风格视频进行展现，这样短视频和直播都可以增加流量，最大可能地发挥DOU+的能量。

最后，提升直播间互动性，使用直播工具来增加直播间的爆点，例如抽奖、红包、赠送礼品等多种互动技巧，从而提升整个直播间的热度，得到直播广场的流量推荐。在互动性最强的时候，投放DOU+引来更大的精准流量，这是为了完成流量的跃升。得到这样的爆款流量加持，可以让账号权重得到跃升，品牌价值也能得到极大提升。

8-31 直播间如何使用DOU+功能

用DOU+加热短视频其实是我们非常熟知的一个功能。除了针对短视频可以投放DOU+以外，还可以针对直播投放DOU+。结合之前提到的引流短视频，这是加热直播间的好方法。

我们想要通过某个视频来加入直播间的话，就需要在批量投放这个选项下面来选择，可以同时选择2-5个视频为我们的直播间加热。如果只是对视频加热的话，就没有加热直播间这个选项。选择用引流短视频渠道来加热直播间，好处是在开播之前就可以对这个直播间进行预热。

当直播开始后，这些预热视频也会被持续加热，总加热时长可以根据我们的投放时长来决定。另一种方式是在直播时进行投放。在直播间界面的最下方，点击菜单选项，其中就有DOU+上热门这样的标识。这一功能完全为直播间服务，直播停止后流量加热行为就会自动停止。

↑ 图8-112　点击DOU+进入设置页面，“批量投放”功能可以打开直播DOU+的设置，这里还可以选择“直播托管”功能

↑ 图8-113　“批量投放”中选择“直播加热”

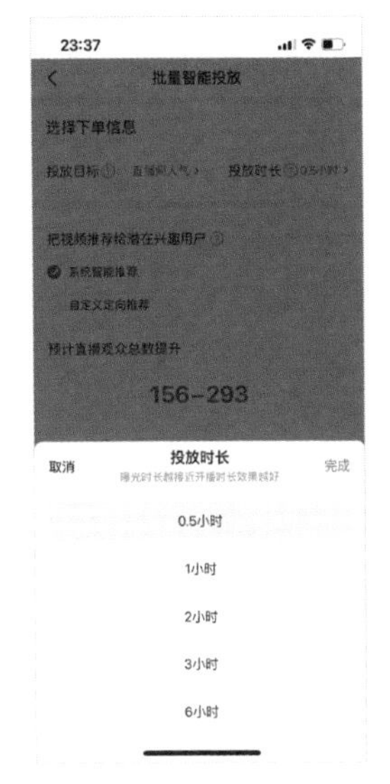

↑ 图8-114　投放时长可以选择0.5小时到6小时

↑ 图8-115　选择“上热门”

↑ 图8-116　页面中有非常详细的DOU+直播的设置选项

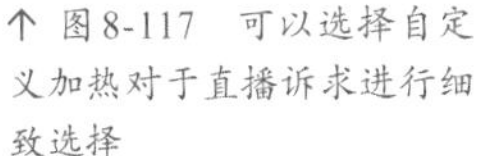

↑ 图8-117　可以选择自定义加热对于直播诉求进行细致选择

↑ 图8-118　在DOU+的诉求选择上，可以直接加热直播间，也可以使用短视频的方式来加热直播间

8-32 低播放量的常见问题

这里针对播放量低的短视频做一个总结，再结合内容和运营的思路来进行分析，以方便统一查看。

正常播放量

正常播放量一般在500次左右，进行养号和固定发布的常规工作大概在一个月之后，数据通常才会有所上升。而且随着短视频创作者越来越多，播放量数据的突破会越来越难。不过第一个月内播放量下降也是常有的事，制作原创内容的压力，拍摄质量的参差不齐，粉丝画面的不够精准，以上都是摆在创作者面前的难关。

有些账号只发布了几个视频，但是播放量和点赞数都很高，一种可能是该账号为了增加数据，在运营时把之前的大量视频删除了；另一种可能则是发布后投放了DOU+这类的付费流量功能。投放付费流量也是起号的技巧之一，付费流量可以短时间内增加推送数据，从而快速地让平台明确账号属性。很多MCN公司都会以这样的方法快速起号，并且对账号进行测试。

如果一天发布2个视频，根据连续10天的发布数据观察，账号播放量一直低于500次，那么这样的账号肯定是有问题的。平台可能会认为该账号为僵尸号。此时就需要我们更换视频内容进行

↑ 图8-119　除自然流量之外，都放DOU+也是突破播放量瓶颈的常见办法

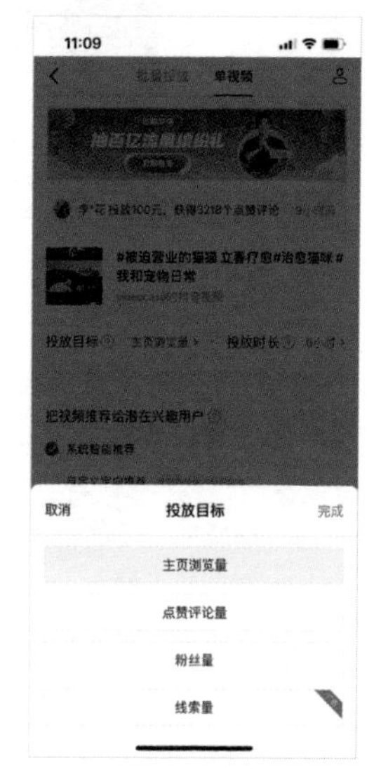

↑ 图8-120　DOU+可以针对所需要的数据进行针对性投放

测试，比如连着发一周仅风景画面的视频，这种操作会让平台把之前的认知属性清零。通过测试看看是否会有500次的播放量，从而确认账号是否正常，是否需要注销后重新注册。

账号无法正常起号是很常见的现象，不要认为注销了特别可惜。我们的目的是创建一个持续增长的账号，因而不要为账号的基础播放量浪费时间。账号创建都是免费的，因此创建的成本不是金钱而是时间。

违规限流

平台对于内容的审核是很严格的，敏感词和违规视频都是无法通过审核发布的。还有一类是发布后被限制流量，这主要涉及搬运类视频和广告营销类视频。

搬运类视频是指从其他平台下载后再次上传的视频内容；或者重新进行剪辑，但是内容依旧雷同的视频；再或者内容虽为原创，但其中使用的某些素材被系统判定为搬运素材。总之，遇到这样的情况，如果实际是原创类视频，那么可以通过平台的联系方式进行申诉，例如提交拍摄制作过程的视频和工作照，以证明内容的原创性。

这里特别提示，引用素材中如果有台标、频道标或者其他商标水印，都会让系统判定为盗版，所以我们一定要注意。如果的确是搬运视频，那么需要马上删除该违规视频，并且要保证其后的视频都为原创类视频。如果搬运视频很多，且这类内容为主要内容，那么账号被警告后已经没有再保留的意义，可以注销后重新注册。

如果账号被识别为广告行为过多，那么视频的播放量也会降低，因为平台会对你的作品减少推荐。假设没有电商权限却发布卖货信息，那么系统会直接进行限流，并且在长时间内都维持这样的判罚。

以抖音为例，最简单的应对办法就是上传企业资料，开通“蓝V”认证，让平台认证你的企业身份，之后再进行商业性宣传就没有问题了。

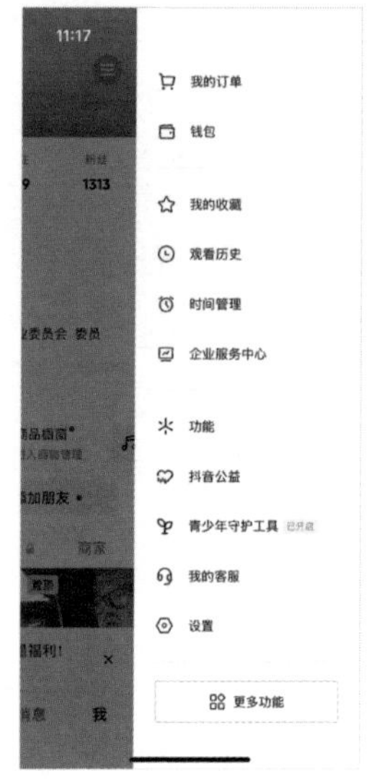

↑ 图8-121　进入抖音菜单页面，点击“设置”

↑ 图8-122　点击“反馈与帮助”

↑ 图8-123　点击“视频状态查询”查询视频审核进度或违规提示

如果作品播放量为0，或者指明此视频不适合公开，那么就需要仔细检查内容画面和发布导语，找到其中的敏感词，改正后重新发送。如果依然播放量为0，那么这条视频依然不合格，就需要删除。还有一个原因是使用同一网络IP地址反复进行发送，系统会认为有刷流量的嫌疑，也会造成播放量为0。这就需要我们更换网络，比如改为使用手机流量发送。

在很多发布内容中，赛道分类、作品质量和粉丝权重都是影响短视频播放量的原因。所以这就需要抓紧定义用户标签，日积月累自然会得到反馈。而且视频原创性是非常重要的，只有别出心裁的原创视频，才能符合“千人千面”的流量推送要求。

8-33 新手如何看懂后台数据

查看播放数据有两个渠道，手机端和PC端。手机端的操作很简单，如下图所示。

↑ 图8-124　进入后台点击“创作者服务中心”

↑ 图8-125　选择“近7日数据概览”

↑ 图8-126　呈现出近期视频的详细播放数据

PC端的操作如下所示。

← 图8-127　打开抖音电脑版，进入“创作者服务中心”

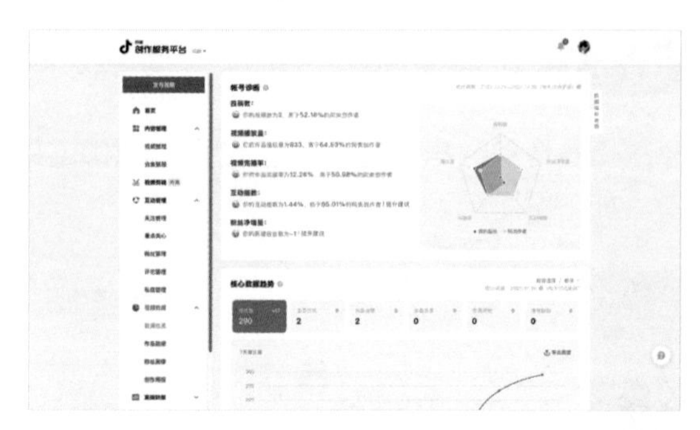

→ 图8-128 选择“视频数据”，查看“数据总览”

→ 图8-129 查看详细的“作品数据”

→ 图8-130 “粉丝画像”功能

以上操作可以让用户快速查看视频相关数据，为数据分析提供了可能性。

要想通过数据去判断视频的质量，得先知道短视频平台的推荐逻辑。一条视频在发布时，系统会去分析视频里的画面、文案、话题，使用这些信息的综合数据去判断给你推荐多少流量。

在视频被推荐到首批用户之前，系统会先进行分发审核，违规的视频就不会被推荐。首批用户看到视频之后，系统会关注视频的数据指标，当这些指标数据正向时，系统会增加推荐；反之，则减少推荐。站在用户视角，短视频平台的推荐逻辑就是根据系统对你的了解，给你推荐你喜欢的内容。在创作者的视角就是把好的内容推荐给有需要的用户。

那怎么判断用户喜欢什么呢？就是前文提到的“动作模型”，用户点赞了、关注了、评论了、看完了，这些都代表用户喜欢这个内容，这就是用来判断用户喜欢什么的“用户标签”，这也是为什么总开玩笑说短视频平台比你女朋友还懂你的原因。

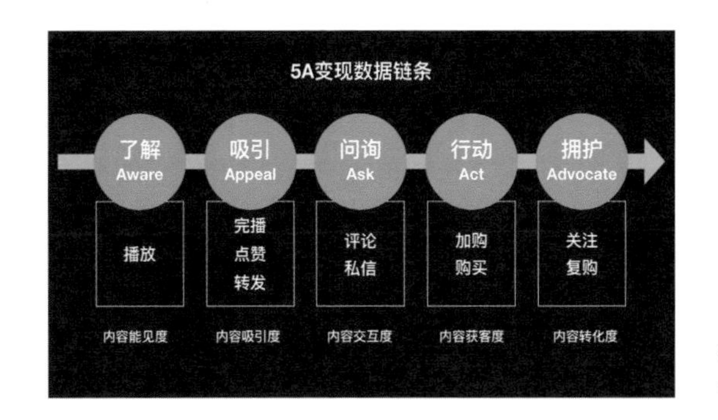

← 图 8-131 短视频平台的关键数据指标

系统怎么判断什么是好的内容呢？这就得说到几个关键的数据指标，即内容能见度、吸引度、交互度、获客度及转化度，也就是后台中的完播量、评论量、加购量、关注量、播放量、粉丝量、私信量、购买量、复购量、转发量等参数。当然，数据指标肯定不止上述这些，毕竟短视频平台的算法也在不断地迭代升级，但是核心指标是不会改变的。

所以新手创作建议视频不要时长太长，因为长视频对视频内容创作要求比较高。没有丰富的创作经验，就要扬其所长、避其所短，先做短时长视频。一定要关注点赞、留言、私信这些体现互动的用户联系数据。查看关键数据指标的目的是优化视频方向，以能更贴合粉丝属性。

为大家分享一个实用的分析工具，即表格积分分析法。因为短视频的数据代谢冗余时间并不长，所以可以使用它对投放了24小时或者48小时后的短视频进行分析。整个的打分体系为满分40分，低于25分就代表为低质量作品。

表格积分分析法

（满分40分　低于25分为低质作品）

播放量	2万以下:2分	2-5万:6分	5-10万:8分	10万以上:10分
点赞率	3%:2分	5%-8%:6分	8%-10%:8分	10%以上:10分
留言率	1%以下:2分	1%-3%:6分	3%-5%:8分	5%以上:10分
转发量（万次播放为前提）	10次以下:2分	10-50次:6分	50-100次:6分	100次以上:10分

→ 图8-132　表格积分分析法

其中点赞率、留言率的分值都为其绝对数值和播放量的比值。查找各项分数进行相加就可以得到视频的综合评分值。这是一个很科学的评价体系，对于长时间地观察账号的整体走向和数据短板很有好处。

8-34 辩证地看待粉丝数据和爆款视频

定义爆款视频可能有多个方向：播放量高，粉丝增长量大，直接产生变现等。

从粉丝数据和变现的角度来分析，粉丝数通常是判断账号是否具有变现潜质的前提，爆款短视频势必可以为账号带来更多的粉丝数，但这些粉丝是否产生购买行为却并不一定。所以粉丝数据的积累只是账号变现中的一个环节而已。即使没有爆款视频，或者没有大量的粉丝，也并不代表账号就一定没有变现价值。

要知道，有些内容势必不会成为爆款，有些产品也势必不会成为大宗商品，一味地追求爆款不如将内容做得更加精准，垂直度更高，这同样可以为账号后期的引流提供便利。大众话题的竞争度和成本会更大，小众内容的变现价值和利润率并不低于这些大众内容。

专业内容成为爆款，即成功地“破圈”，固然好，但既然有圈层那就证明并不能融合，可以偶尔为之，并不是长久之计。跨圈层得到的粉丝，好奇心大于忠诚度，成为精准粉丝的可能性也并不高。因此爆款视频虽然难得，粉丝量也是值得骄傲的数据，但这并不一定产生变现。在所选的赛道内持之以恒地创作，保证更新的频次和短视频质量，或许是比期待爆款增长数据来得更加实际。

8-35 如何注销账号

在注销账号之前，请先确认该账号处于安全状态、账号内无任何资产和虚拟权益、无任何未处理完毕的纠纷等。

以上情况确认后，点击“设置”—“反馈与帮助”—“自助服务”—“安全中心”—“注销账号”，参考其中的相关条款进行注销操作即可。

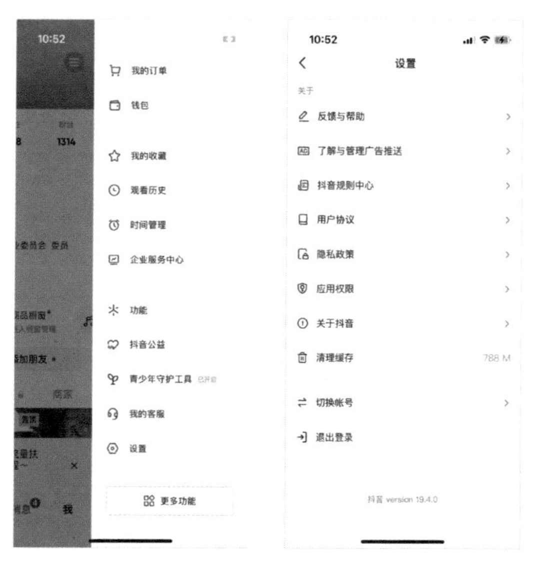

↑ 图 8-133　点击抖音后台菜单键，进入菜单，并点击“设置”按钮

↑ 图 8-134　在设置菜单中点击“反馈与帮助”

↑ 图8-135　进入“安全中心”

↑ 图8-136　点击“注销账号”

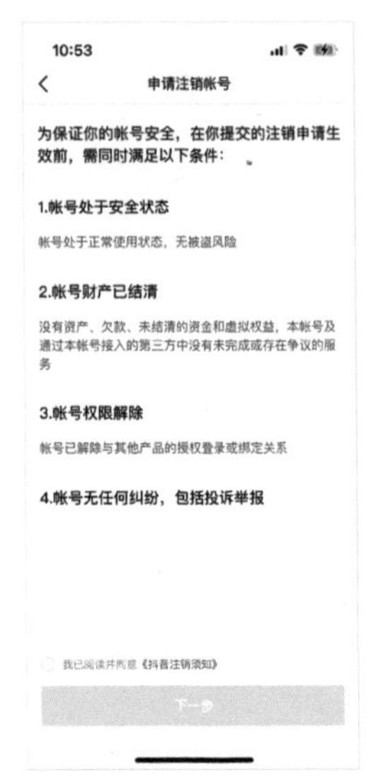

↑ 图8-137　确认账号状态无任何违规，即可注销账号